Roland Grumt Suárez | Holger Grumt Suárez

111 Dinge über Affen, die man wissen muss

111

emons:

Bibliografische Information der Deutschen Nationalbibliothek
Die Deutsche Nationalbibliothek verzeichnet diese Publikation in der Deutschen Nationalbibliografie; detaillierte bibliografische Daten sind im Internet über http://dnb.d-nb.de abrufbar.

Gestaltung: Eva Kraskes, nach einem
Konzept von Lübbeke | Naumann | Thoben
Druck und Bindung: Himmer GmbH Druckerei & Verlag, Augsburg
Printed in Germany 2021
ISBN 978-3-7408-1214-0
Originalausgabe

Vorwort

Primatenforscher sind wir nicht geworden, und wir wollen auch gar nicht so tun, als wären wir welche, aber eine Faszination für Affen haben wir trotzdem entwickelt. Sie gelten als unsere nächsten Verwandten. Täglich morgens vor dem Spiegel einen Affen zu erkennen ist nicht allzu schwierig. Insbesondere innerhalb der Menschenaffenfamilie, zu der auch der *Homo sapiens* gehört, sind viele Parallelen zwischen Mensch und Schimpanse, Gorilla und Orang-Utan sichtbar. Es schien uns eine gute Idee, den Affen eine schriftliche und bebilderte Hauptrolle zu geben und auf diese Weise in ihre Welt einzutauchen.

Wir leben in einer Zeit, in der viele Lebewesen vom Aussterben bedroht sind und in der der Mensch recht arglos mit seiner Umwelt umgeht. Wie auch schon bei den Insekten und dem »Insektensterben« (siehe »111 Insekten, die täglich unsere Welt retten«) wollen wir mit diesem Buch unseren kleinen Beitrag dazu leisten, für das Thema »Affensterben« zu sensibilisieren. Affen sind Tiere, die in der Wildnis zu Hause und für das Selbstverständnis des Menschen stets ein guter Spiegel sind. Ihr Lebensraum wird Jahr für Jahr kleiner, und auch als Fleischlieferant stehen sie in vielen »Affengegenden« hoch im Kurs. Mit Lektüre fängt oft alles an: Tun wir alle etwas für den Erhalt der Affen. Der erste Schritt ist das Sich-Bewusst-Machen einer Thematik. Wir haben versucht, das breite Spektrum der »Affenwelt« einzufangen und in themenbezogenen »Affen-Porträts« einen bunten Mix an »Affen-Szenen« zu schaffen. Wir wollten weder ein Affen-Lexikon noch eine wissenschaftliche Abhandlung schreiben. Informativ mit einem Schuss Humor, das war die Zielvorgabe. Wir hoffen, das hat geklappt. Viel Spaß beim Lesen und Bildergucken! Und nicht vergessen, auch wir Menschen gehören taxonomisch gesehen zur großen Affenfamilie. Affen schreiben über Affen – das kann ja schräg-heiter werden.

111 Dinge

1 Der Achte im Bunde

Ab in die Baumschicht

Im Jahr 2017 bekam die Menschenaffenfamilie ein neues Mitglied: den Tapanuli-Orang-Utan. Damit gibt es nun acht rezente eigenständige Menschenaffenarten – drei Orang-Utan-Arten, zwei Schimpansenarten, vier Gorillaarten und eine Homo-Art. Kaum wurde der im Norden der Insel Sumatra endemische Tapanuli-Orang-Utan »entdeckt« – also vom Sumatra-Orang-Utan losgelöst und mit einem eigenen Artstatus bedacht –, gilt der »Achte im Bunde« schon als vom Aussterben bedroht. Sein Verbreitungsgebiet umfasst lediglich ein Waldareal südlich des Tobasees. Sein Gesamtbestand wird auf nicht mehr als 1.000 Individuen geschätzt.

Der Tapanuli-Orang-Utan unterscheidet sich von seinen Schwesterarten sowohl in anatomischen Merkmalen als auch in arteigenen Verhaltensweisen. Er hat nicht nur ein kleineres Hinterhauptsloch (siehe Kapitel 34), sondern insgesamt einen schmaleren Schädel mit geringerer Rostrumhöhe. Er trägt ein zimtbraunes bis rostrotes Fell, das im Gegensatz zu seinem Inselverwandten, dem Sumatra-Orang-Utan, krauser ist. Seine Rufe können bis zu 800 Hertz und eine Dauer von knapp zwei Minuten erreichen.

Von allen drei Orang-Utan-Arten ist er derjenige, der am seltensten vom Baum steigt. Macht er dennoch mal einen »Bodenausflug«, währt dieser meist nicht lange. Sein Zuhause ist nun mal die Baumsphäre zwischen Boden und Himmel. Die anderen beiden Orang-Utan-Arten sind etwas »bodenständiger«, wobei auch sie primär Baumlebewesen sind, deren Körperbau entsprechende Spezialisierungen aufweist.

Orang-Utans haben lange und kräftige Arme, eine Spannweite von gut zwei Metern ist keine Seltenheit. Die Beine sind kürzer, sehr beweglich und nach innen einbiegbar. Auch Daumen und Großzehen sind der baumbewohnenden Lebensweise angepasst. Orang-Utans werden auf Bäumen geboren und setzen die ersten sechs Jahre ihres Lebens keinen Fuß auf den Waldboden.

Gattung Orang-Utans | **Art** Tapanuli-Orang-Utan | **Verbreitung** nördlicher Teil der Insel Sumatra (Indonesien) | **Nachlese** Der Verein Orang-Utans in Not e. V. verfolgt die Vision, den tropischen Regenwald der Inseln Borneo und Sumatra vor der Abholzung zu bewahren und damit den Lebensraum der vom Aussterben bedrohten Orang-Utans zu schützen: www.orang-utans-in-not.org.

2 Der asiatische Afrikaner

Große Klappe, aber meist nur heiße Luft

Der Berberaffe ist dreifach speziell. Erstens: Er ist die einzige von 22 Makakenarten, die außerhalb Asiens lebt. Zweitens: Er ist die einzige afrikanische Affenart, die nördlich der Sahara lebt. Drittens: Er ist, abgesehen vom Menschen, die einzige frei lebende Affenart Europas. Er ist hauptsächlich im Mittleren Atlas zu Hause und somit zusammen mit der Goldstumpfnase eine der wenigen Affenarten, die einer »Affenkälte« trotzen können. Sein Lebensraum liegt auf einer Höhe zwischen 400 und 2.300 Metern. Er ist ein guter Kletterer und hält sich gern in Baumkronen auf, aber wie seine asiatischen Schwesterarten verbringt er täglich viel Zeit auf dem Boden. Dabei ist auch felsiges, zerklüftetes Terrain für den »Vierfüßer« kein Problem.

Berberaffen sind tagaktive, gesellige Tiere und haben eine starke Sozialkultur, aber beim »Fettwerden« kennen sie keinen Spaß: Sie teilen keine Nahrung untereinander. Beim Fressen ist sich jeder selbst der Nächste. Vor allem, wenn es Richtung Winter geht, gilt es, sich ein sattes Fettpölsterchen anzufressen. Wehe dem, der dem anderen die Nahrung klauen möchte. Fressdiebe kriegen ordentlich was auf die Finger, das lernen bereits die Kleinsten. Anders als bei anderen sozialen Affenarten genießen nicht die Weibchen und der Nachwuchs, sondern die Alphamännchen Futtervorrecht.

Ausgewachsene Männchen haben ein ausgeprägtes Gebiss. Ihre Eckzähne sind lang und können es beinahe mit denen eines Mandrills aufnehmen (siehe Kapitel 50). Als »Waffe« kommen sie aber nur selten zum Einsatz. Stolz auf sie sind sie trotzdem, denn sie zeigen sie liebend gern her. Zum Beispiel beim Gähnen. Das tun sie gefühlt öfter als nötig und sperren dabei das Maul extrem weit auf. Auch als Imponiergehabe ist das »Maulaufreißen« äußerst beliebt, ist ja beim menschlichen Affen nicht anders. Wer sich da von wem was abgekupfert haben könnte, ist bisher noch nicht eindeutig belegt.

3 Athleten und Bodybuilder

Schimpanse ist nicht gleich Schimpanse

Flüsse gelten seit jeher als mystische Lebensadern unserer Landschaft, die Menschen von nah und fern miteinander verbinden. Und es war kein Geringerer als Heraklit, der vorsokratische Philosoph aus Ephesos, der bereits vor gut 2.500 Jahren argumentierte, dass alles fließe und wir unmöglich zweimal in denselben Fluss springen könnten. Flüsse stellen zugleich aber auch territoriale Trennlinien dar, die dem einen Freund und dem anderen Feind sind. Im Fall der Schimpansen fungiert der Fluss Kongo seit etwas mehr als anderthalb Millionen Jahren als natürliche Grenze.

Aus gemeinsamen Vorfahren entwickelten sich so zwei unterschiedliche Schimpansenpopulationen. Südlich des Flusses fassten die Bonobos Fuß, nördlich die Gemeinen Schimpansen, die umgangssprachlich auch einfach nur »Schimpansen« genannt werden. Beide Schimpansenarten meiden den Fluss oder besser gesagt: Sie können nicht schwimmen. Sie teilen einige Gemeinsamkeiten, entwickelten sich letztlich aber unterschiedlich. Und gesehen haben sie einander auch noch nie, zumindest nicht in freier Wildbahn. Schimpanse ist also nicht gleich Schimpanse. Bonobos und Gemeine Schimpansen sind annähernd gleich groß, aber die Körperproportionen sind unterschiedlich. Hat der Bonobo deutlich längere Beine, einen schlanken Hals und filigrane Finger, so ist der Gemeine Schimpanse eine grobschlächtige Erscheinung. Etwas überspitzt formuliert: Bonobos sind »Allround-Athleten«, Gemeine Schimpansen »Bodybuilder«.

Einen großen Unterschied gibt es im Sozialverhalten: Bei den Gemeinen Schimpansen steht das Männchen ganz oben in der Gruppenhierarchie. Ein dominantes Alphamännchen fungiert als Leader – ohne Wenn und Aber. Bei den Bonobos hingegen herrscht eine matriarchalische Struktur. Weibchen spielen die erste Geige. Einen weiteren großen Unterschied gibt es auch im Konfliktmanagement (siehe Kapitel 47).

4 Der Badespaß im Norden

In heißen Onsen planschen

Der Schneeaffe ist ein Nordlicht. Kein anderer Affe, abgesehen vom Menschen, lebt nördlicher. Der auch als Japanmakak bekannte Affe repräsentiert die Art mit dem größten Drang zum Nordwärtsgehen, in Zonen, in denen die Winter klirrend kalt und schneebedeckt sind.

Seine Ausbreitung im Norden hat sich auf seine Physiognomie von Kopf bis Fuß ausgewirkt. Im Laufe der Zeit hat sie sich an die niedrigen Temperaturen angepasst. So besitzt der Schneeaffe beispielsweise ein knallrotes, weil stark durchblutetes Gesicht und einen kaum sichtbaren Schwanz. Pure Evolutions-Absicht: Eine ordentliche Durchblutung verhindert Erfrierungen, und übermäßige Körperanhänge würden Körperwärme abgeben. Entsprechend hat er auch das Gegenstück zum überlangen Zinken des Nasenaffen (siehe Kapitel 65): eine moderate Nase.

Gemeinhin gilt: Affen meiden Wasser. Einen genüsslich badenden Affen wird man also nie zu Gesicht bekommen? Stimmt natürlich nicht. Schon mal was von der Halbinsel Honshū gehört? Es handelt sich dabei um die Insel mit der zweitgrößten Bevölkerungsdichte der Erde, nach Java, auf der sich die japanische Hauptstadt Tokio befindet. Unweit der Metropole gibt es einen Onsen-Park im Tal des Yokoyu-Flusses in der Präfektur Nagano (Höllental), der Teil des Jōshin'etsu-Kōgen-Nationalparks ist. Und genau hier wird der Mythos vom wasserscheuen Affen widerlegt.

Schneeaffen sind nicht nur nicht wasserscheu, sondern lieben es, sich in den kalten Wintermonaten in diesen Onsen, wie heiße Quellen auf Japanisch bezeichnet werden, ein ausgiebiges Dampfbad zu genehmigen. Stundenlang bleiben sie im natürlichen »Affenwhirlpool«. Temperatur? 35 bis 40 Grad Celsius. In den Onsen wird entspannt und der Kälte ein Schnippchen geschlagen, aber auch geplanscht, gespielt und herumgealbert. Eine Attraktion für die ganze Japanmakak-Familie. Hauptgrund für den Badespaß ist jedoch ein anderer: Stressabbau.

5 Der Bananenquatsch

Von unten wie von oben: alles total Banane

Affen und Bananen – nichts als eine Mär. Affen in freier Wildbahn essen in der Regel keine Bananen. Und schon gar keine »Cavendish«. Oder anders ausgedrückt: Die krumme gelbe Banane, die in unseren Gefilden nach dem Apfel auf Platz zwei der beliebtesten Obstsorten steht, wird nur von Affen gegessen, die im Zoo gehalten werden. Und zwar deshalb, weil Bananen dort auf dem Speiseplan stehen, und nicht etwa, weil des Affen liebste Frucht die Banane ist.

Warum ist die Banane krumm? Darum! Die viel wichtigere Frage: Was ist krumm am Mythos Affenbanane? Ganz einfach: so ziemlich alles. Und womit der Vogel zur Gänze abgeschossen wird: Erklärvideos und Artikel, die einem weismachen wollen, wie man eine Banane »richtig« schält, und zwar nach dem Vorbild eines Affen. Nichts weiter als ein Internet-Hype, an dem nichts Wahres dran ist. Affen und Bananen, das mag in der Werbung, in Filmen, in Kinderbüchern und im Zoo funktionieren, aber mit der Realität hat das wenig zu tun. Zu behaupten, Affen würden seit Jahrtausenden Bananen essen und sie von unten – also von der braunen Spitze statt vom Stiel her – schälen, ist schlichtweg totaler »Bananenquatsch« und gehört ins Reich der Fabeln.

Nahezu alle heute weltweit gehandelten Dessertbananen sind Klone einer Bananenstaude, die ein britischer Herzog namens William Cavendish um 1830 in seinem Gewächshaus anpflanzte. Sie werden in Monokulturen auf Plantagen angebaut und sind in erster Linie für den menschlichen Affen gedacht. Für den nicht menschlichen Affen sind sie eigentlich viel zu süß, da kann man den Tieren auch gleich Löffelbiskuits und Bienenstich verabreichen (siehe Kapitel 110). Was stärker ins Gewicht fällt: Übermäßiger Bananenkonsum führt auch bei allen anderen Affen zu Zahnproblemen, Magen-Darm-Miseren und Diabetes. Warum Affen in Zoos trotzdem Bananen essen müssen? Müsste man den Zoodirektor mal fragen.

6 Blau auf die Welt kommen

Von Schlümpfen, Wasserratten und Resonanzkörpern

Wann waren Sie das letzte Mal blau? Ein Nasenaffe würde antworten: als ich aus dem Geburtskanal geplumpst bin. Nasenaffen kommen nämlich mit einer blau gefärbten »Zuckerschnute« auf die Welt. Etwa acht bis zehn Wochen dominiert im Gesicht die »Schlumpffarbe«, dann wird aus dem Blau ein Grau, und nach etwa einem Dreivierteljahr verfärbt sich das Gesicht schließlich gelblich braun mit rötlichen Nuancen. Warum die Jungtiere blau auf die Welt kommen? Vielleicht hilft ein Blick auf den Menschen, denn auch Menschenkinder erblicken nicht selten blau gefärbt das Licht der Welt. Das liegt in der Regel an im Geburtskanal zusammengedrückten Blutgefäßen. Mit den ersten Atemzügen wird die Haut aber meist schnell wieder rosig. Die zehnwöchige Blauphase bei Nasenaffen-Babys ist deutlich länger, aber noch gibt es keine fundierten Erklärungen für das Farbphänomen.

Dafür weiß man aber, dass Nasenaffen sehr gute Schwimmer und Taucher sind. Vielleicht sind sie sogar die besten Wasserratten unter den nicht menschlichen Affen. Hilfreich sind dabei die Schwimmhäute, die sie zwischen den Zehen haben und mit denen sie bereits auf die Welt kommen. Im Gegensatz zu vielen anderen Affenarten sind sie somit alles andere als wasserscheu. Vom Baum direkt in den Fluss springen? Ganz normal für einen Nasenaffen. Längere Taucheinheiten? Auch das ist kein Problem. Da stört auch die »Nasenskulptur« nicht.

Geschlechtsreifen Männchen wächst ab einem Alter von etwa sieben Jahren die Nase zu einer goldsackähnlichen Apparatur heran. Bei manchen hört das Wachstum nicht auf, und das Nasengehänge baumelt vor dem Mund, sodass es bei der Nahrungsaufnahme zur Seite geschoben werden muss. Eine solch voluminöse Nase kann schon beinahe als Instrument bezeichnet werden. Fürs Brummen und Brüllen, aber auch für Warn- und Signalrufe besitzt der »Nasenaffenzinken« einen perfekten Resonanzkörper.

7 Die Blutgruppen

Gleiche Blutgruppen, gleiches Blut?

Durch jeden Affen fließt fast unbemerkt ein ganz besonderer Saft. Eine dunkelrote »Tintenflüssigkeit«, die genau das auch ist: die Tinte des Lebens. Die Rede ist vom Blut, einem Tausendsassa, der in einem geschlossenen Kreislauf durch unseren Körper fließt und eine Vielzahl an Funktionen hat. Haben Menschen und Affen das gleiche Blut? Klingt auf den ersten Blick nach einer ziemlich doofen Frage. Die Antwort ist natürlich: Nein. Aber auf den zweiten Blick erscheint die Frage nicht mehr ganz so »affig«.

Das »flüssige Organ« Blut enthält Glycolipide, Verbindungen aus Fettsäuren und Kohlenhydraten, die die jeweilige Blutgruppe bestimmen. Die menschlichen Blutgruppen A, B und 0 sind ein uraltes Erbe – sie entstanden womöglich vor etwa 20 Millionen Jahren. Das Blutgruppensystem vieler Affenarten basiert ebenfalls auf diesen Ausprägungen, so zum Beispiel das der Schimpansen, Gorillas und Orang-Utans. Und wem haben wir Menschenaffen diese Systematik zu verdanken? Einem gemeinsamen Vorfahren, der sie gleichsam an beide vererbte. Auch die Blutgruppen evolutionär weit entfernter Verwandter des Menschen, wie zum Beispiel der Gibbons, beruhen auf der gleichen genetischen Basis.

Bei allen Menschenaffen sind die gleichen zwei Stellen im Genom für die Zuteilung zu den Blutgruppen A und B verantwortlich. Und nun die entscheidende Blut-Frage: Könnten sich Menschenaffen also gegenseitig Blut spenden? Theoretisch wäre eine Bluttransfusion möglich, praktisch lebensgefährlich. Es wäre eine bahnbrechende Sensation, wenn Schimpansen und Co. uns Menschen Blut spenden könnten, aber nein, Menschen benötigen Menschenblut und können mit dem Blut anderer Affen rein gar nichts anfangen. Andersherum gilt das natürlich genauso. Selbst wenn die AB0-Variante und der Rhesusfaktor als wichtigste Blutmerkmale gelten: Das Blut von Menschen und Affen ist im Detail einfach zu unterschiedlich.

8 Das Brusttrommeln

Von Erregungen, Kehllauten und Kurzsprints

Ein anschauliches kommunikatives Verhalten der Gorillas ist das alternierende, rhythmische Schlagen mit der Hand gegen die eigene Brust. Es wird hauptsächlich von den Männchen als Droh- oder Imponiersignal eingesetzt, kommt aber nicht selten bei beiden Geschlechtern aller Altersklassen auch als Begrüßungsritual und zur Standortmitteilung zum Einsatz. Das Brusttrommeln folgt einem klaren, auffälligen Bewegungsablauf. Der Gorilla richtet sich mit gesträubtem Fell auf, seine Hinterbeine sind dabei stets angewinkelt, denn ein Durchdrücken der Beine ist ihm anatomisch nicht möglich (siehe Kapitel 111).

Dann schlägt er sich mehrere Male schnell hintereinander abwechselnd mit beiden Händen auf die Brust, die Handflächen sind dabei offen, und landet anschließend kräftig auf den Vorderbeinen. Oft wird das Brusttrommeln von Kehllauten begleitet, die die optische Wirkung akustisch verstärken.

Gibt es Auseinandersetzungen um die Rangordnung, ist das Brusttrommeln ein Zeichen hoher Erregung und als eindeutiges Drohverhalten zu verstehen. Der Brusttrommler möchte seinen Rivalen in erster Linie einschüchtern, fordert ihn aber gleichzeitig heraus und zeigt ihm sowohl optisch als auch akustisch, dass er bereit ist, sich in den Nahkampf zu stürzen, um die Verhältnisse klarzustellen. Weitere Einschüchterungstaktiken: lautes Gebrüll, Laufen auf zwei Beinen, das Ausreißen und Wegschleudern von Pflanzen in Richtung des Rivalen, das Schütteln von Ästen, das Schlagen auf den Boden. Letzteres meist in Verbindung mit einem Kurzsprint, unmittelbar nachdem die Hände gegen den Boden klatschen.

Das Brusttrommeln ist eine vielseitige Kommunikationsform. Es ist nie eine bramarbasierende Show, sondern stets zweckmäßig. Und mächtig eindrucksvoll. Gorillas sind die größten lebenden Primaten. Stehend können sie etwa 1,70 Meter erreichen. Das Gewicht liegt zwischen 175 und 275 Kilogramm.

Gattung Gorillas | **Art** Östlicher Flachlandgorilla | **Verbreitung** Osten der Demokratischen Republik Kongo | **Nachlese** »GORILLA« ist ein mehrfach ausgezeichnetes deutsches Gesundheitsförderungs- und Bildungsprogramm für Kinder, Jugendliche und junge Erwachsene: www.gorilladeutschland.de.

9 ChAdOx1

Schimpansen-Erkältungsvirus in den Arm

Bestimmte Viren können vom Affen auf den Menschen überspringen, Ebola oder HIV zum Beispiel (siehe Kapitel 35). Auch andersherum ist eine Virusübertragung möglich, also vom Menschen auf den Affen, zum Beispiel bei Erkältungsviren wie etwa dem Rhinovirus C. So wie HIV und Ebola für den Menschen tödlich enden können, verhält es sich auch bei Affen, die sich mit menschlichen Erkältungsviren anstecken. Aber Affen-Erkältungsviren sind für den Menschen nicht nur nicht tödlich, sondern können manchmal sogar lebensrettend sein. Wie bei der SARS-CoV-2-Impfung.

Für die Herstellung der genbasierten Covid-Vakzine im Zusammenhang mit der Covid-19-Pandemie kommen verschiedene Methoden zum Einsatz. Die Präparate von BioNTech/Pfizer und Moderna sind sogenannte mRNA-Impfstoffe. Die Vakzine von AstraZeneca und Johnson & Johnson sind dagegen sogenannte Vektorimpfstoffe. Als Grundlage benötigen diese ein Virus, um die entsprechenden Informationen in den Körper zu schleusen. Letztere nutzen dafür ein unschädlich gemachtes menschliches Schnupfenvirus, AstraZeneca ein Erkältungsvirus von Schimpansen: ChAdOx1.

Vektorimpfstoffe benötigen einen ungefährlichen Träger, der Bruchstücke des Coronavirus in den Körper transportiert. AstraZeneca nutzt als Träger eine abgeschwächte Version von ChAdOx1. Es wird genetisch verändert, sodass es seine Replikationskompetenz verliert und sich im Menschen nicht weiter vermehren kann.

Die Covid-19-Übertragung vom Menschen auf den Affen ist möglich und bereits vorgekommen. Ende Januar 2021 wurden in einem kalifornischen Zoo die ersten Affen gegen Covid-19 geimpft, nachdem sich mehrere mit dem Virus angesteckt und auffällige Symptome gezeigt hatten. Für wild lebende Affen ist eine Impfung ausgeschlossen. Primatenforscher versuchen, die Tiere auf andere Weise vor SARS-CoV-2 zu schützen – etwa indem sie sich nur noch mit Maske in den Urwald begeben.

10 Die Chromosomenpaare

Am Anfang war die Zelle

Zellen sind der Baustein allen Lebens, aber eine Zelle allein ist noch lange kein Affe. Der Mensch besteht aus etwa 100 Billionen einzelnen Zellen. Im Hirn tummeln sich gut 20 Milliarden davon, täglich geht uns jedoch ein »Fruchtfliegenhirn« davon flöten, also etwa 100.000 Stück. Circa 50 Millionen Zellen aus anderen Körperteilen gesellen sich diesem täglichen »Zellmassensterben« hinzu. Auf der Plusseite bilden sich pro Tag beinahe genauso viele neue. Aber eben nur fast. Alle Affenzellen haben eine »Ganzwertszeit«, der Tod ist in sie einprogrammiert. Der einzige Unterschied: Die Lebenserwartung beim Menschen ist aktuell zwei- bis dreimal so hoch wie bei den anderen Menschenaffen. In naher Zukunft wird sie aufgrund von Gentechnik und Co. wohl um ein Vielfaches höher.

Was die Struktur angeht, gibt es im Bandenmuster eines menschlichen Chromosomenpaars starke Ähnlichkeiten zu den zwei Einzelchromosomen des Schimpansen. Letzterer hat jedoch zwei Chromosomen mehr, ergo 48. Der Mensch hat bekanntlich 23 Chromosomenpaare, also 46. Ähnlichkeiten gibt es auch beim Eiweiß. Schimpanse und Mensch stimmen in etwa 85 Prozent der Eiweißstoffe überein. Beim Gorilla sind es noch etwa 64, beim Orang-Utan nur 42.

Werfen wir einen Blick auf die Aminosäuresequenzen: Bei Schimpanse und Mensch stimmen die B-Ketten des Hämoglobins vollständig überein. Mit dem Gorilla nur zum Teil, und der Orang-Utan hat drei gänzlich unterschiedliche zusätzliche Aminosäuren. Und wie sieht es mit gemeinsamen Parasiten aus? Vor Filzlaus, Kopflaus, Madenwurm und all dem parasitären »menschlichen« Getier ist auch der Schimpanse nicht gefeit. Mensch oder Schimpanse, Hauptsache, guter »Gastwirt«. Dem Gorilla und dem Orang-Utan hingegen machen in der Regel nur die Filzläuse das Leben schwer. Zu guter Letzt das Blut: Alle Menschenaffen, also Schimpansen, Gorillas, Orang-Utans und Menschen, haben exakt die gleichen Blutgruppen (siehe Kapitel 7).

11 Die Denkerstirn

Von Stirnen, Schnauzen und Hinterhauptslöchern

Engstirnig oder Denkerstirn, die Sache mit dem Haaransatz ist nicht zu unterschätzen. Hohe oder niedrige Stirn? Gerader, geschwungener, spitzer oder unregelmäßiger Haaransatz? Je nachdem, wie Hirnschädel und Gesichtsschädel zueinander im Verhältnis stehen, kann man pseudowissenschaftlich Persönlichkeitsmerkmale herauslesen. Wissenschaftlich belegt sind dagegen folgende Unterschiede zwischen dem Menschen und anderen Menschenaffenarten: Der Mensch besitzt eine Denkerstirn (hohe Stirn) und eine flache Schnauze, die anderen eine fliehende Stirn (»Fluchtstirn«) und eine vorstehende Schnauze. Welche Stirnposition und Schnauzenform dem jeweiligen Affen besser zu Gesicht steht, kann an dieser Stelle jeder für sich entscheiden.

In der anatomischen Gesichtsbetrachtung gibt es weitere interessante Merkmale: Eine auffällige Gemeinsamkeit ist die Augenstellung. Die Augen liegen bei allen Menschenaffenarten dicht beieinander. Daraus resultiert der Effekt der Gesichtsfeldüberschneidung beider Augen. Und zwar genau in der Mitte. Die Überschneidung beträgt etwa 120 Grad. Eine Tiefenwahrnehmung ist ausschließlich in diesem Bereich möglich.

Weiter im Gesichtsschädel: Wie sieht es mit dem größten Teil des Nasendachs aus, dem Nasenbein, das zur wesentlichen Funktion der Nase beiträgt? Der Mensch kann sich auf sein Nasenbein verlassen, die anderen Menschenaffenarten hingegen nicht. Warum? Sie haben schlichtweg keines. Ist das schlimm? Müsste man einen Gorilla fragen. Aber so viel steht fest: Sie machen sich auch ohne Nasenbein ganz gut.

Und nun zu einer Öffnung, von der die meisten wohl noch nie gehört haben: dem Großen Hinterhauptsloch. Kennern ist es auch als »*Foramen magnum*« geläufig. Alle Menschenaffen haben dieses Loch im Schädelknochen, aber nur beim Menschen befindet es sich genau in der Mitte der Schädelbasis. Und das ist alles andere als eine Randnotiz (siehe Kapitel 34).

12 Das Dschungeltaxi

Huckepack durch den Urwald

Die Aufzucht der Nachkommen liegt im Affenreich meist in der Verantwortung der Weibchen. Die meisten Affenweibchen bringen pro Geburt ein Junges zur Welt. Bei den Goldenen Löwenäffchen ist jedoch alles anders. Die Weibchen gebären in der Regel Zwillinge, und der Vater übernimmt größtenteils die Aufzucht. Lediglich das Säugen und das gelegentliche »Mamakuscheln« übernimmt die Mutter.

Gute sechs Wochen spielt Papa im eigenen Revier das »Dschungeltaxi« für die Jungtiere. Die festen Territorien sind zwischen 30 und 60 Hektar groß. Es geht huckepack von Baum zu Baum durch den Urwald. Erst danach werden die Affenbabys selbstständiger und kraxeln vermehrt auf den eigenen vier Beinen herum. Nach etwa vier Monaten werden sie entwöhnt. Bis zur Geschlechtsreife dauert es aber noch weitere zehn bis 15 Monate, und bis sie sich mit einem Weibchen bzw. Männchen vereinen, vergeht mindestens noch einmal dieselbe Zeitspanne. Erst mit etwa drei Jahren zeugen sie Nachkommen und werden nach viermonatiger Tragzeit der Mutter selbst zum »Dschungeltaxi« und verantwortungsvollen Daddy.

Denn ist die Huckepack-Zeit vorbei und sind die Kleinen aus dem Gröbsten raus, kümmert sich der Papa um die wichtigen Dinge des Lebens. Neben einer vollwertigen Fütterung – vorwiegend Pflanzen, aber auch Insekten und Vogeleier stehen auf der Speisekarte – geht es darum, den Jungtieren alles beizubringen, was sie später einmal brauchen: Nahrungsbeschaffung, Fellpflege, Kuscheln als Warmhaltemethode und das Entwickeln von sozialen Fähigkeiten.

Goldene Löwenäffchen leben in kleinen Familiengruppen, bestehend aus Mutter, Vater und Nachkommen, wobei manche Gruppen auch mehrere Männchen und Weibchen enthalten können. Sie gelten als äußerst soziale Affen, die großen Wert darauf legen, sich stets gegenseitig zu lausen und die Nahrung miteinander zu teilen. Sie sind friedliebend und vermeiden jegliche Art von Konflikten.

13 Die Eifersucht

Eine Leidenschaft, die mit Eifer sucht

Paviane leben in Gruppen. Je nach Art in gemischten oder in Haremsgruppen. Oft kommen mehrere Paviangruppen zusammen, sodass sich schnell 100 und mehr Individuen in einem kleinen Gebiet aufhalten. Sowohl innerhalb eines Rudels als auch bei der Vermischung mehrerer Gruppen kommen immer wieder Konflikte auf, die meist gewalttätig gelöst werden. Nicht selten ist die Ursache Eifersucht, denn die Männchen und die Weibchen gelten als höchst eifersüchtig. Insbesondere beim Thema Fortpflanzung und Paarungspartner verstehen sie keinen Spaß.

In Haremsgruppen hat jeder Haremsführer zwischen sieben und 15 Weibchen um sich. Wehe dem, der versucht, sich einem dieser Weibchen mit dem Ziel, es zu beglücken, zu nähern. Pavianmännchen kennen in solchen Fällen kein Pardon. Es wird geschrien, geschlagen, gebissen – alles ist erlaubt. Was der Haremsführer auch hasst, sind »Fremdgeherinnen«. Er passt höllisch auf, kann es aber nicht immer verhindern. Geschlechtsreife Weibchen, die sexuell nicht oder nur wenig zum Zug kommen, haben gern einmal einen Seitensprung. Das passiert aber nur deshalb, weil andere Gruppenweibchen, insbesondere Mütter mit jungen Nachkommen, sich überdurchschnittlich oft dem Haremsführer anbieten. Ihr Ziel ist es, den Haremsführer sexuell zu »sättigen«, damit er das Interesse an den anderen Weibchen verliert. Zusätzlich versprechen sie sich mit dieser Taktik mehr Aufmerksamkeit seitens des Haremsführers für ihre eigenen Jungtiere. Außerdem: Mit nur einem Männchen in der Gruppe ist die Konkurrenz für die Weibchen groß. Wer da nicht resolut seinen Platz einfordert, spielt schnell die letzte Geige.

In gemischten Gruppen sind Mütter höhergestellt als Töchter, und das ist entscheidend beim Paarungsverhalten. Das heißt aber auch, dass sich geschlechtsreife Töchter gegen die Mütter durchsetzen müssen, um sich paaren zu können. Eifersuchtsattacken sind dabei keine Seltenheit.

14 Das Einwegbett

Mikrobenschleuder oder fein und rein?

Menschen schlafen in Betten. Und auch Schimpansen tun das. Aber wer hat die sauberere Schlafstätte? Die Schimpansen. In ihren Nestern befinden sich nicht nur weniger Zecken, Flöhe und Co., auch der Anteil an Bakterien aus dem Speichel, den Exkrementen oder der Haut ist im Vergleich zum Menschen etwa zehnmal geringer. Auch Ektoparasiten sind kaum in des Schimpansen Hochbaumbett vorzufinden, er ist also klar der »bettsauberere« Affe.

Schimpansen mögen es gemütlich und flauschig in der Nacht. Sie bauen sich Abend für Abend ein neues komfortables »Bett« aus Blättern, Farnen und Zweigen. Und das nicht auf dem erstbesten Baum, sondern möglichst auf einer Baumart, die mit stabilem Holz aufwarten kann. Auch der Aststandort und die mechanischen Eigenschaften der Äste sind von Bedeutung: geringer Abstand zur Astgabel, geringe Blattfläche im Verhältnis zur Astlänge, steife und bruchfeste Äste. Nichts wird dem Zufall überlassen, denn ein guter Schlaf ist die Voraussetzung für einen guten Tag. Das wissen Schimpansen ganz genau.

Worauf Schimpansen penibel achten: nicht in ihr Nest zu machen. Müssen sie in der Nacht auf den Pott, lehnen sie sich gekonnt über den Nestrand und koten oder urinieren – für den Abflug ist dann die Schwerkraft zuständig.

Was Schimpansen auch nicht machen: Sie teilen ihre Betten nicht mit anderen. Ebenso wenig verwenden sie benutzte Betten. Selbst das eigene benutzen sie selten zweimal, und auch von Reparaturmaßnahmen lassen sie die Finger. Schimpansen sind wahre »Bettverschwender«, denn sie schlafen stets auf »Einwegbetten«. Zu ihrer Verteidigung: Ihre Betten bestehen aus nachwachsendem Material und sind biologisch abbaubar.

Übrigens sind Schimpansen, Gorillas und Orang-Utans die besten Schläfer des Affenreiches. Sie schlafen die ganze Nacht durch, haben einen tiefen Schlaf und träumen sogar (siehe Kapitel 82).

15 Der Elefantenlausknacker

Weder Nuss noch Laus, sondern Kern

Schon mal Cashews geknackt? Wohl kaum, denn hierzulande kommt man nur äußerst selten an Cashews mit Schale. Meist ist das auch besser so, denn ohne Werkzeug oder Nussknacker gelangt man bei ihnen nur schwer an den leckeren Kern. Außerdem enthält die hölzerne Schale ein toxisches Öl, das zu Verätzungen führen kann. Man müsste wohl einen Rückenstreifen-Kapuziner um Hilfe bitten, denn diese Affen sind professionelle »Cashewkernknacker«. Geknackt wird jedoch weder mit den Händen noch mit den Zähnen, schließlich ist die Schale nicht papierartig wie bei der Erdnuss, sondern hart. Der Härtegrad liegt irgendwo zwischen einer Pilinuss und einer Eichel.

Es ist hinreichend bekannt, dass Werkzeug nicht nur bei den Mitgliedern der Gattung Homo der Menschenaffenfamilie zum Einsatz kommt, sondern auch bei anderen Tieren. Die Liste ist lang: Elefanten, Kakadus, Dingos, Oktopusse und eine Vielzahl an Primaten und Affen, darunter die Kapuzineraffen, all diese Tierarten nutzen Werkzeuge auf unterschiedliche Art (siehe Kapitel 31).

Für das Knacken der Cashewkerne wählt der erfahrene Rückenstreifen-Kapuziner bis zu faustgroße, rundliche Quarzitsteine aus. Die Frucht wird auf eine Wurzel oder einen Stein gelegt, und dann heißt es: Hau den Lukas! In 1.000 Stücke zerplatzt die Schale zwar nicht, aber nach ein paar profunden Schlägen ist sie ausreichend eingerissen, sodass die »Tryptophanbombe« samt Samenschale herausgepfriemelt werden kann. Lecker Rohkost-Cashew!

Und was hat es mit der »Elefantenlaus« auf sich? So wird die boxhandschuhförmige einsamige Cashewfrucht bezeichnet, die den nierenförmigen, etwa zwei bis drei Zentimeter großen Cashewkern enthält. Dem besten »Elefantenlausknacker« der Welt ist der an den blutsaugenden Ektoparasiten angelehnte Name egal: Wo man die aromatischen Kerne findet, da ist der Cashews liebende Rückenstreifen-Kapuziner meist nicht fern.

Gattung Kapuzineraffen | Art Rückenstreifen-Kapuziner | Verbreitung nordöstliches Brasilien | Nachlese *People, projects and products protecting primates:* www.monkeyfriendly.com.

16 Die Extrawurst

Weder Fisch noch Fleisch

Springtamarine sind keine »normalen« Krallenaffen. In ihrem Namen steckt zwar die Gattungsgruppe der Tamarine, aber ihre Schwestergruppe sind eigentlich die Marmosetten, zu denen unter anderem die Büschelaffen und die Zwergseidenäffchen gehören (siehe Kapitel 54). Aufgrund von Unterschieden in ihrer Anatomie und bei der Fortpflanzung wird ihnen eine Sonderrolle zuteil. Sie sind eine Art »Zwischenstufe«, die sich zwischen allen anderen Krallenaffen und dem Rest der Neuweltaffen einordnen lässt.

Sie erreichen eine Körperlänge von bis zu 30 Zentimetern und ein Gewicht von etwa 500 Gramm: typische Maße für Krallenaffen. Auch der Schwanz ist wie bei den anderen Krallenaffen in etwa so lang wie der Körper. Ein kleiner, aber doch entscheidender Unterschied auf anatomischer Ebene: Ihr Gebiss ist unter allen Krallenaffen das primitivste. Sie haben pro Kieferhälfte drei Molaren statt zwei und einen zusätzlichen, also vierten Hypokonus, wie die Höcker auf den oberen Backenzähnen genannt werden. Das ist bei keinem anderen Krallenaffen so, dafür aber bei allen anderen Neuweltaffen.

Unter allen Krallenaffen sind sie diejenigen, die sich vor allem springend fortbewegen. Das Überwinden von Distanzen von mehreren Metern ist für Springtamarine kein Problem, wie schon ihr Name sagt. Eine anatomische Besonderheit sind die langen Hinterbeine, gepaart mit Modifikationen in der Schulter und in den Knöcheln, die ihnen das Klettern und Springen zwischen senkrecht stehenden Ästen ermöglichen.

Bei den Krallenaffen pflanzt sich nur das dominante Weibchen einer Gruppe fort und gebärt in der Regel Zwillinge. Bei Springtamarinen hingegen bringen stets mehrere Weibchen Nachkommen hervor, meist bekommen sie auch nur ein einzelnes Junges. Die Aufzucht übernimmt für die ersten Wochen die Mutter, bei den anderen Krallenaffen ist dafür der Vater zuständig (siehe Kapitel 19).

17 Der Fingerstrahl

Ohne Daumen keine Entwicklung des Menschen

Ob nicht menschliche Affen sich gegenseitig die Daumen drücken, ist nicht bekannt. Ebenso wenig, ob sie sich im Daumendrücken duellieren. Was aber bekannt ist: Bei vielen ist der Daumen opponierbar. Die Opposition ist die Fähigkeit, den Daumen den anderen Fingern gegenüberzustellen. Dabei berührt die Spitze des opponierbaren Fingers die Unter- oder Innenseite der anderen.

Der opponierbare Daumen ist eine anatomische Besonderheit und ein einzigartiger Kniff der menschlichen Evolution. Ohne ihn hätte sich der Mensch nicht zu dem entwickeln können, was er heute ist, denn auch die menschliche Kulturevolution wäre dann nicht möglich gewesen. Zwar braucht es für eine solche Entwicklung ein bisschen mehr als nur einen opponierbaren Daumen, aber ohne eine solche anatomische Meisterleistung sähe unsere Welt heute ganz anders aus. Unsere Hände sind Präzisionswerkzeuge, unsere Daumen Spezialgeräte, die in ihrer beweglichen Rolle entscheidend für unsere Entwicklung sind.

Was uns alle anderen Affen jedoch voraushaben: Ihre Großzehe hat, wie auch der Daumen, zwei Phalangenknochen, nur beim Menschen ist sie nicht opponierbar. Alle nicht menschlichen Affen verfügen also über eine opponierbare Großzehe und können an allen Enden ihrer Extremitäten auf ein derartiges Körperglied zurückgreifen.

Ein opponierbarer Daumen ist ein ausgeklügeltes Körperinstrument. Er ist bei allen Menschenaffen besonders beweglich und zugleich der kräftigste Finger. Im Vergleich zu Schimpansen, Gorillas und Orang-Utans kann der Mensch knapp fünfmal so viele präzise Handbewegungen ausführen, bei denen in vielen Fällen der opponierbare Daumen eine zentrale Rolle spielt. Was allerdings alle Menschenaffen können: Zeigefinger und Daumen zu einer Pinzette formen. Beim Greifen von verschiedensten Dingen ist das eine entscheidende Hilfe.

18 Das Forschungsäffchen

Kosmonaffen, Goldstandards und Antigen-Systeme

Der erste Mensch im Weltraum? Juri Gagarin. Der erste Mensch auf dem Mond? Neil Armstrong. Und wie sieht es mit anderen Affen im Weltraum aus? 1949 wurde erstmals ein Säugetier gen Himmel geschossen, der Rhesusaffe Albert II. Ihm folgten weitere. Zehn Jahre später gelang der erste suborbitale Flug mit Primaten. Mit an Bord: Miss Able und Miss Baker, ein Rhesus- und ein Totenkopfaffenweibchen. 1961 folgte Ham, der erste Schimpanse, der ins Weltall katapultiert wurde (253 Kilometer Gipfelhöhe), unversehrt zurückkehrte und anschließend knapp 20 Jahre im Zoo weiterlebte.

Affen für die Forschung zu nutzen, das war lange Zeit en vogue und ist es mit Abstrichen auch heute noch. Ein beliebtes »Versuchsäffchen« ist der Rhesusaffe, auch wenn ihm mittlerweile der Javaneraffe den Rang abgelaufen hat (siehe Kapitel 104). Hierzulande stellen Affen heute etwa 0,1 Prozent aller Versuchstiere dar, den Spitzenrang belegen die Mäuse mit 70 Prozent. Tierversuche gelten weiterhin als die »Goldstandardmethode« in vielen Forschungsbereichen.

Wer Rhesusaffe sagt, muss auch Blut und Rhesusfaktor sagen. Der Faktor ist ein Bestandteil der Zellmembran der roten Blutkörperchen. Genau genommen sind die Rhesusfaktoren ein Erythrozyten-Antigen-System, basierend auf speziellen Proteinen. Neben dem AB0-System der Blutgruppen ist es das wichtigste Merkmal des menschlichen Bluts. Seit seiner Entdeckung können mit der Bestimmung des Rhesusfaktors lebensgefährliche Abwehrreaktionen bei Bluttransfusionen und während der Schwangerschaft verhindert werden. Und wer hat dazu beigetragen, diesen Faktor zu erforschen? Der Rhesusaffe.

Bei der Untersuchung des Affenbluts machte man die revolutionäre Entdeckung. Dennoch wissen die wenigsten, ob sie Rhesus-positiv oder Rhesus-negativ sind. Oder gar ganz ohne Rhesusfaktor. Letztere sind in der Minderheit, sie stellen nur etwa 15 Prozent der Gesamtbevölkerung.

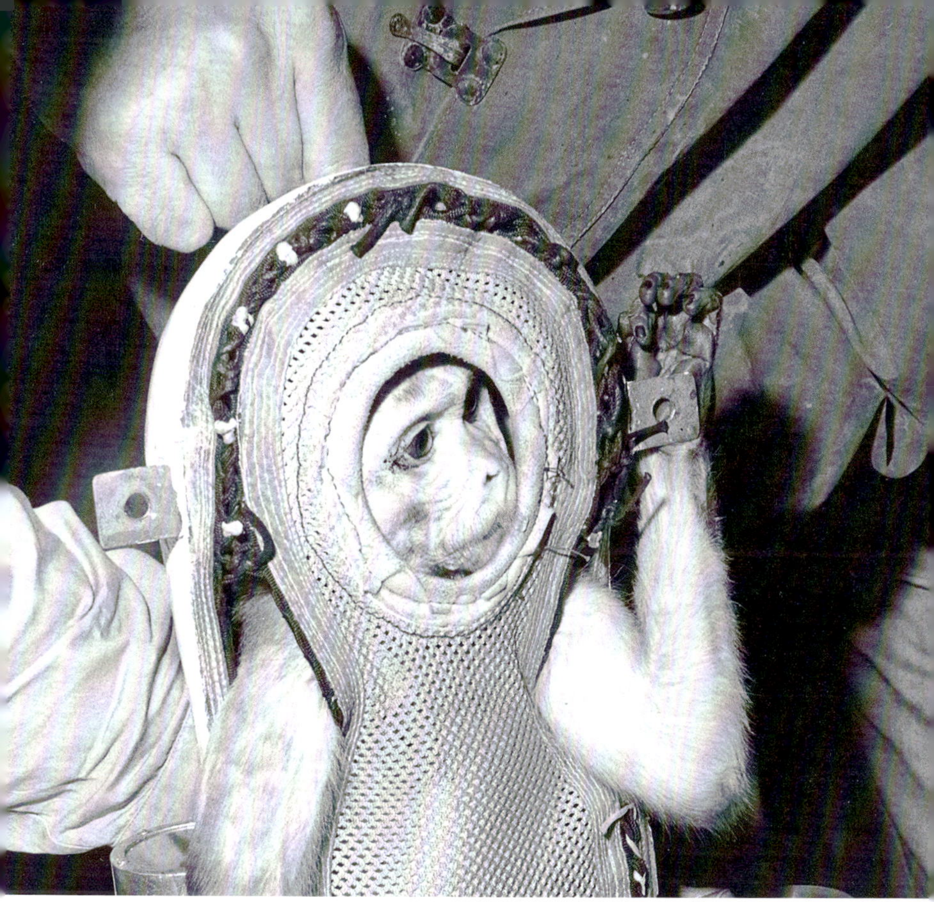

Gattung Makaken | **Art** Rhesusaffe | **Verbreitung** von Afghanistan über Indien, Thailand und Vietnam bis nach China | **Nachlese** Tierversuche sind nicht mehr legitim, sie können, sollen und müssen vollständig abgeschafft werden: www.aerzte-gegen-tierversuche.de. Tierexperimentelle Forschung mit nicht menschlichen Primaten ist ethisch vertretbar: www.tierversuche-verstehen.de.

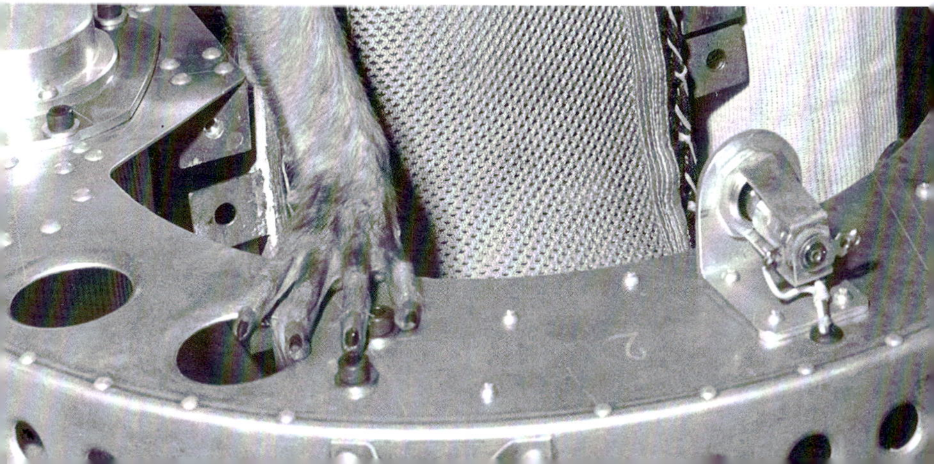

19 Die Fortpflanzungsrate

Zweieiige Zwillinge braucht die Affenwelt

Die Familie der Krallenaffen ist groß, sie umfasst an die 50 Arten. Krallenaffen sind allesamt kleine, alles fressende Primaten und weisen ein einzigartiges Fortpflanzungssystem unter den Säugetieren auf. Bei nahezu allen Arten bringen die Weibchen nach einer Tragzeit von 130 bis 150 Tagen zweimal im Jahr ein bis drei Junge zur Welt. In etwa 80 Prozent der Fälle werden Zwillinge geboren, die von getrennt befruchteten Eiern stammen. Die Plazentamembranen wachsen zusammen, die Zwillinge sind jedoch Chimären. Weder ist damit das Mischwesen der griechischen Mythologie gemeint noch ein Hirngespinst, sondern ein einheitliches Individuum, das aus genetisch unterschiedlichen Zellen aufgebaut ist.

Im Mutterleib der Krallenaffen kommt es zum Zellaustausch zwischen den Embryonen. Ein Phänomen, das allgemein als Chimärismus bezeichnet wird. Das unterschiedliche Erbgut ist dabei nicht nur im Blut und in der Leber nachzuweisen, sondern auch in Geschlechtszellen. Das wiederum führt dazu, dass Krallenaffen bei der Paarung nicht notwendigerweise die eigenen Gameten weitergeben, sondern unter Umständen die Erbinformationen ihrer Zwillingsgeschwister. Ein Männchen ist also stets im Unklaren über seine Vaterschaft, könnte sich aber in den Nachkommen seiner Brüder erkennen. Dieses im Affenreich einmalige Reproduktionssystem führt dazu, dass Krallenaffenmännchen die vorbildlichsten Väter sind. Die väterliche Fürsorge geht weit über den eigenen Nachwuchs hinaus, sie kümmern sich alle zusammen im Verbund um den Nachwuchs der ganzen Sippe.

Krallenaffenweibchen sind in der Regel sofort nach der Geburt wieder empfängnisbereit. Meist kommt es auch direkt zu einer erneuten Befruchtung. Die Fortpflanzungsrate von Krallenaffen ist eine der höchsten unter den Affen, sie wird durch die Zwillingsgeburten verstärkt und steht im Gegensatz zur geringen Rate der Orang-Utans.

20 Der Führungsstil

Eiserne Faust oder taktisch kooperativ

Gruppen des Gemeinen Schimpansen werden stets von einem Männchen angeführt. Welchen Führungsstil es dabei pflegt, ist von Anführer zu Anführer unterschiedlich. Manche regieren mit eiserner Faust und etablieren eine kompromisslose Null-Toleranz-Politik, andere verhalten sich kooperativ, wiederum andere schmieden Scheinallianzen, manche taktieren mit Gefälligkeiten. Die meisten jedoch verfolgen eine Art Mischstrategie und nutzen verschiedene Methoden, um an der Macht zu bleiben – oder um an die Macht zu kommen. Je nach Größe und Persönlichkeit wenden sie unterschiedliche Taktiken an, um in der Rangfolge aufzusteigen.

Schimpansen werden nicht als Herrscher geboren, sie müssen sich den langen Weg nach oben hart erarbeiten. Und wenn sie einmal ganz oben sind, dann gebieten sie oft mit Hilfe von Angst und Schrecken und werden zu »kompromisslosen Schlägern«. Sie verteidigen ihre Machtposition gegenüber marodierenden Männchen bis aufs Blut. Sie investieren ungeheuer viel Energie, um an der Spitze zu bleiben. Beständig zeigen sie allen potenziellen Nachfolgern, wer der Chef im Ring ist. Dazu greifen sie auf Rituale wie das Trommeln auf Baumstämmen und das Werfen von Steinen zurück, aber auch athletische Demonstrationen wie Sprints und Sprünge sind Teil des Repertoires. Hat es jedoch ein eher schmächtiges Kerlchen an die Macht geschafft, kommen Sympathie und Kalkül zum Einsatz. Es bildet Koalitionen mit den anderen Männchen, pflegt deren Fell, lässt sie öfter mal an die Weibchen ran und gewinnt so ihre Loyalität.

Was alle Leader gemein haben: Das Hauptinteresse gilt der Fortpflanzung. Egal, welcher Führungsstil angewendet wird, das Ziel ist immer, die eigenen Gene so oft wie möglich und an möglichst viele Weibchen weiterzugeben. Der »Clan-Chef« hat als Einziger uneingeschränkten Zugang zu geschlechtsreifen Weibchen und bestimmt, welche anderen Gruppenmännchen sich paaren dürfen.

21 Die fünfte Extremität

Greifen, festhalten, tasten

Viele Wirbeltiere unterschiedlicher systematischer Zugehörigkeit haben einen Schwanz, also ein mit Muskeln bekleidetes hinteres Ende der Wirbelsäule am Ansatz des Afters. Es gibt sie in allen möglichen Formen, Formaten und Farben. Eine besondere Art des Schwanzes ist der Greifschwanz, der insbesondere bei baumlebenden Säugetieren auftritt: ein durch seine Länge und Greifmuskulatur zum Kletterorgan spezialisierter Schwanz, der gern auch als die »fünfte Extremität« bezeichnet wird. Er dient bei der Fortbewegung zum Festhalten des Körpers im Geäst.

Auch viele Affen haben Schwänze, aber einen Greifschwanz haben nur einige wenige Vertreter der Neuweltaffen entwickelt. Ganz vorne mit dabei: die über 25 Arten umfassende Familie der Klammerschwanzaffen. Ihr Schwanz ist meist in etwa so lang wie der eigene Körper, in manchen Fällen sogar länger, und glänzt mit zwei Merkmalen auf seiner hinteren Unterseite, die einen Schwanz erst zu einem Greifschwanz machen: Sie weist ein mit einer Handinnenfläche vergleichbares Tasthautfeld auf und ist unbehaart. Zwei Besonderheiten, die sich positiv auf die Greifeigenschaften auswirken und dem Schwanz erlauben, als eine zusätzliche Extremität zu fungieren. Was aber nicht automatisch zu besseren Klettereigenschaften führt.

Klammerschwanzaffen können sich zwar äußerst geschickt im Geäst fortbewegen, aber die Gibbons zum Beispiel, die sogar schwanzlos sind, können da locker mithalten. Eine fünfte Extremität ist fürs Klettern sicherlich hilfreich, aber so ein Greifschwanz kann natürlich mehr. Er kann das volle Gewicht des Affen tragen und erlaubt somit ein Kopfüberhängen. Geht zwar auch ohne Schwanz, aber mit ihm hat man eine größere Reichweite und sowohl Hände als auch Füße frei. Übrigens: Klammeraffen haben im Tierreich die höchste bekannte Entwicklungsstufe des Greifschwanzes erlangt.

22 Die Geburtshilfe

Hebammen unter sich

Hebammen sind ein fester Bestandteil der Gesellschaft, ihr Beruf gilt als eine Erfindung des Menschen. Aber auch bei Bonobos gibt es Hebammen und Geburtshelferinnen. Es kommt nicht selten vor, dass sich Bonoboweibchen bei der Geburt gegenseitig unter die Arme greifen. Setzen bei einer werdenden Mutter die Wehen ein, kommen andere Weibchen zu Hilfe. Eine ihrer Aufgaben: lästige Fliegen vertreiben. Zweiflügler und Affen sind einander ständige Begleiter, aber bei der Geburt darf es ruhig »fliegenlos« zugehen. Des Weiteren halten die Bonobo-Hebammen der Gebärenden buchstäblich die »Affen« vom Leib, also die Männchen, die in solch delikaten Momenten manchmal etwas tollpatschig zu Werke gehen.

Affenbabys quetschen sich durch den Geburtskanal und plumpsen anschließend auf den Boden. Das führt manchmal zu einer unsanften Landung, wobei die meisten Affenmütter die Hand zwischen den Beinen nach hinten führen, um den Säugling am Kopf festzuhalten, sodass dieser beim Fallen geschützt ist. Affenmütter, die nicht allein gebären, können sich aber auch hier auf eine Hebamme verlassen, denn zum Akkouchieren gehört auch das »Hinausbegleiten« des Neugeborenen.

Auch andere Affenarten leisten Geburtshilfe bei der Niederkunft, zum Beispiel Stumpfnasenaffen. Fürsorgliches Verhalten gegenüber werdenden Müttern ist keine Seltenheit. Meist assistieren erfahrene Mütter, oft sind es die älteren Geschwister, insbesondere bei »Erstgebärenden«. Im Gegensatz zu den Bonobos ist bei Schwarzen Stumpfnasenaffen auch der werdende Vater gefragt. Er macht zwar keine Handyfotos und hält der Mutter auch nicht die Hand, dafür fällt er aber auch garantiert nicht in Ohnmacht. Er weicht seiner Herzdame während des Geburtsprozesses nicht von der Seite, krault sie liebevoll und reicht ihr nach der Anstrengung ein paar stärkende Happen in Form von Flechten oder anderen nahrhaften Leckereien.

Gattung Schimpansen | **Art** Bonobo | **Verbreitung** südlich des Flusses Kongo, Demokratische Republik Kongo | **Nachlese** Hilfe jeglicher Art leistet die Menschenaffen-Expertin Rowena Façee Schaeffer mit ihrer »Rowena Goes Ape Foundation«. Sie ist passionierte Ehrenamtliche, Social-Media- und Projektberaterin für Menschenaffen-Organisationen weltweit, außerdem unermüdliche Spendensammlerin für Menschenaffen-Rettung und Bildungsarbeit: www.go-ape.nl.

23 Die Gedankenmaschine

Wenn du denkst, du denkst, denkst du, du denkst

Das Hirn verhält sich zu den Gedanken wie die Langerhans-Inseln zum Insulin: Es sondert sie ab. Genauso wie es die Hypophyse mit den Hormonen macht. Und auch die Niere sondert etwas ab: Urin. Das Hirn ist also nichts weiter als eine Drüse, die Gedanken absondert? Das wäre wohl etwas zu kurz gegriffen, aber was der menschlichen »Gedankenmaschine« exklusiv ist: Gedanken produzieren (und absondern). Kein anderes bekanntes Lebewesen ist imstande zu denken. Ich denke, also bin ich (Mensch) – Moment, nicht so schnell. Der Mensch hat vielleicht das komplexeste ihm bekannte Stück Materie des Universums im Kopf, aber auch andere Affen können denken.

Menschenaffen zum Beispiel. Was sie denken? Müsste man sie fragen. Aber wer ihnen für eine Weile zusieht, muss nicht mehr überzeugt werden, dass im Menschenaffenkopf ein neuronales Feuerwerk stattfindet. Vorausschauendes Planen, sich in das Gegenüber hineinversetzen, Rückschlüsse ziehen und sogar Gedanken lesen – die Gedankenmaschine der Menschenaffen läuft auf Hochtouren. Ein Beispiel: Ein Schimpanse versteckt ein Werkzeug, das ihm zu einem späteren Zeitpunkt nützlich sein könnte. Oder: Ein Schimpanse sieht unter einem Brett mit Ausbuchtung nach statt unter einem flachen, denn nur unter ersterem kann sich ein Leckerli befinden. Ohne sich »Gedanken« über die jeweilige Handlungssituation machen zu können, ist ein solches Verhalten kaum erklärbar. Auch wenn er anders sein dürfte als bei uns, irgendeine Art Denkprozess hat auch der Menschenaffe.

Schimpansen denken sogar übers Denken nach. Sie können nicht nur über ihren eigenen Geisteszustand reflektieren, sondern auch über den anderer. Wie Mensch das weiß? Durch Querschnittsbilder des Gehirns und die Berechnung der Gehirnaktivität. Das Ergebnis: ähnliche Muster wie beim Menschen in den Bereichen, die für die Geisteszustand-Reflexion zuständig sind.

24 Das Gehirn

400 versus 1.600 Kubikzentimeter

Myelencephalon, Metencephalon, Mesencephalon, Diencephalon und Telencephalon – ganz schön viele »cephalons« hintereinander. Anatomiespezialisten wissen, worum es geht: das Gehirn. Nachhirn, Hinterhirn, Mittelhirn, Zwischenhirn und Groß- / Endhirn wären die deutschen Pendants dazu.

Menschen haben ein typisches Affengehirn, und alle Menschenaffen besitzen die fünf aufgezählten Hirnteile. Das menschliche Gehirn entspricht bis ins Detail dem Aufbau der Gehirne von Menschenaffen. Haben wir Menschen also gar nicht dieses spezielle »Superhirn«, das wir uns gern in den Kopf setzen? So ist es! Das menschliche Gehirn ist vom Aufbau her ein »Normalo« unter den Gehirnen aller Lebewesen auf der Erde.

Ohne Gehirn geht nichts, das Hirn ist unser wichtigstes Organ, und es hat immer Hunger. Das Gehirn ist unsere Schaltzentrale, und hätte es sich nicht so außerordentlich »besonders« entwickelt, wären wir vermutlich noch auf einer Stufe mit den Schimpansen. Aber das Verhältnis zwischen Gehirn und Körpergröße entspricht beim Menschen dem von vielen anderen Säugetieren. Selbst der Strukturreichtum der Hirnrinde ist nicht so die »Bombe«. Delphine haben zum Beispiel viel mehr Gehirnwindungen als der Mensch. Im Vergleich zum Aufbau des Schädels anderer Menschenaffen ist die einzig feststellbare wirklich maßgebliche Differenz das Volumen. Beim aktuellen Menschen beträgt es zwischen 1.000 und 2.000 Kubikzentimetern, die Schwankungsbreite ist enorm. Andere Menschenaffen haben nur etwa 400 Kubikzentimeter und wenige Schwankungen. Bereits unser Vorfahre, der *Homo rudolfensis*, verfügte über etwa 800 Kubikzentimeter.

Das Schädelvolumen steht zwar nicht in direkter Beziehung zur Intelligenz, aber unser Gehirn entwickelte sich, verglichen mit den restlichen Menschenaffen und allen anderen Tieren, zu einer Art »Superhirn«, wenn auch mit nicht gerade wenigen »bugs«.

25 Das Genom

In den Hoden ist die Hölle los

Der Schimpanse gilt als der nächste Verwandte des Menschen. Äußerliche Ähnlichkeiten sind nicht von der Hand zu weisen.

Schimpansen und Menschen haben gemeinsame Vorfahren. Vor vielen Millionen Jahren trennten sich ihre Wege. Seither hat sich der Mensch zur selbst ernannten Krone der Schöpfung aufgeschwungen. Die Schimpansen hingegen nahmen eine weniger steile Entwicklung. Und so kommt es, dass der Mensch das Genom des Schimpansen sequenziert und nicht umgekehrt.

Das National Human Genome Research Institute (Bethesda, Maryland, USA) besitzt einen Katalog von rund drei Milliarden Gensequenzen des Schimpansen – eine Art Schimpansen-Bauanleitung. Je nach Berechnungsmethode ist das Erbgut von Schimpanse und Mensch zu 96 bis 99 Prozent identisch. Die wenigsten Differenzen gibt es im Gehirn, die meisten in den Hoden. Etwas über 30 Prozent der »Hodengene« sind unterschiedlich aktiv, sie unterscheiden sich komplett voneinander. Im restlichen Gewebe sind es lediglich circa acht Prozent. Im Hoden geht es also ordentlich zur Sache, zumindest sind dort große Unterschiede zu verzeichnen.

Warum Schimpansen und Menschen sich unterschiedlich entwickelten, liegt, vereinfacht ausgedrückt, an zwei sich gegenseitig beeinflussenden Faktoren: Veränderungen im Erbgut und divergierende Nutzung der Gene. Die Divergenz für alle Gene beträgt etwa 0,36 Prozent. Die größten Unterschiede im Genom gibt es in der Verteilung der Transposons, umgangssprachlich auch als »springende Gene« bezeichnet, weil sie ihre Position im Genom verändern können. Bei etwa drei Milliarden Basenpaaren im Genom liegt der verbleibende variable Anteil bei etwa 35 Millionen Basenpaaren. Und das ist immer noch beträchtlich. So sind Schimpansen und Menschen genetisch zwar eng miteinander verwandt, denken und wirken dann aber doch sehr unterschiedlich auf dieser lebensfreundlichen Welt.

26 Der Gesichtserker

Von Vestibülen und der Naresausrichtung

Was die Nasenvariabilität betrifft, macht uns so schnell kein anderes Lebewesen etwas nach. Erst durch sie bekommt der Mensch die »Liebenswürdigkeit« ins Profil »geschnieft«, die ihn zu einer feinfühligen und »riechbaren« Kreatur macht. Die nicht menschlichen Affen können aber trotzdem mithalten und sind beim Thema Nase mindestens genauso gut aufgestellt wie wir. Das Affenreich kommt mit ähnlich großer Diversität bei den »Gesichtserkern« daher, legt in vielen Fällen sogar eine reichere Kreativität an den Tag, was Form, Farbe und Funktion angeht (siehe Kapitel 65).

Menschen sind taxonomisch betrachtet Altweltaffen *(Catarrhini)*. Diese werden auch Schmalnasenaffen genannt. Ihr Nasen-Pendant aus der Neuen Welt – das 1492 »wiederentdeckte« Kolumbus-Amerika, im Gegensatz zur aus Europa, Asien und Afrika bestehenden »Alten Welt« – sind Breitnasenaffen, taxonomisch als Neuweltaffen *(Platyrrhini)* definiert. Die Namen verraten es: Altweltaffen haben generell eine schmale Nasenscheidewand, bei Neuweltaffen ist sie breit. Und wie sieht es mit den Nares aus?

Wir Menschen haben ausnahmslos parallel nach unten ausgerichtete, runde Nasenlöcher. Bei den anderen Altweltaffen gibt es sowohl nach unten als auch nach vorne zeigende, jeweils beieinanderstehend. Bei Neuweltaffen ragen die Nasenlöcher auseinander und sind nach außen gerichtet. Warum es keine Affen mit nach oben zeigenden Nares gibt, ist einleuchtend. Erstens: damit es ihnen nicht in die Nase hineinregnet. Und zweitens: damit sie besser in ihrem »Vestibül« herumbohren können. Aber weil die Ausnahme stets die Regel bestätigt, existiert eine Affenart, die nach oben ausgerichtete Nasenlöcher hat: die Burmesischen Stumpfnasenaffen (siehe Kapitel 27).

Die Form der Nase samt Nares ist somit – abgesehen von der geografischen Herkunft – eines der deutlichsten Unterscheidungsmerkmale von Neu- und Altweltaffen.

27 Die Goldstumpfnase

Kuschelnd der Kälte trotzen

Die in China endemische Goldstumpfnase gilt als eine der kältetolerantesten Affenarten der Welt. Sie kommt in den Bergen Zentralchinas in Höhen zwischen 1.200 und 3.300 Metern vor. In den kälteren Regionen ihres Verbreitungsgebietes wie dem Qin-Ling trotzt sie dem rauen und kühlen Gebirgsklima. In den schneebedeckten Wintermonaten ist sie einer Durchschnittstemperatur von etwa minus sechs Grad Celsius ausgesetzt, phasenweise gibt es auch zweistellige Minusgrade. In der kalten Jahreszeit ernährt sich die Goldstumpfnase hauptsächlich von Flechten und Baumrinde, ansonsten kommen, wie es für einen reinen Pflanzenfresser üblich ist, Blätter, Samen, Knospen und Früchte dazu.

Es gibt nur wenige Affen, die so einem Klima die Stirn bieten können. Goldstumpfnasen sind schneeerprobte »Hochalpinisten«, die sich in Eskimo-Manier ein dickes, flauschig-warmes Gesamtkörperfell zulegen. Sie halten sich überwiegend auf Bäumen auf, sind aber auch auf dem Boden gut unterwegs. Felsspalten und steile Hänge sind für sie kein Problem, selbst wenn sie von Schnee bedeckt sind. Auch kleine Flüsse können sie überqueren, aber nicht schwimmend, sondern indem sie von Stein zu Stein springen.

Ein markantes äußerliches Merkmal ist ihr »Clowngesicht«. Sie haben eine platt gedrückte Stupsnase mit nach vorne ausgerichteten Löchern, einen volllippigen weißen Kussmund und runde hellblaue Augenumrandungen, die wirken, als sei ihr Gesicht geschminkt. Die »Gesichtsmaske« erinnert an ein dreiblättriges Kleeblatt. Ihre »Harlekinfratze« ist aber nicht ihre einzige Clown-Attitüde: Goldstumpfnasen sind äußerst gesellig und haben es gern lustig-spielerisch. Kaum eine andere Affenart ist in so großen Gruppen unterwegs, 500 und mehr Individuen sind keine Seltenheit.

Goldstumpfnasen sind eine der wenigen Affenarten, bei denen Gruppenkuscheln angesagt ist. Ihre plüschigen Felle fungieren in Kälteperioden wie Heizdecken.

28 Die Grasfresser

Speziell in jeglicher Hinsicht

Dscheladas sind seltene und hoch spezialisierte Affen. Sie sind in Äthiopien endemisch und die einzige grasfressende Affenart der Welt. Sie ernähren sich nahezu komplett von Gras und Grassamen. Lediglich in der Trockenzeit, wenn das Gras rar ist, greifen sie zusätzlich auf Wurzeln und Knollen zurück. Früchte? Fehlanzeige. Nicht einmal Bananen? Beileibe nicht (siehe Kapitel 5). In der Früh geht es für den Dschelada schnurstracks mit lautem Getöse auf »Frühstückstour« durch den grasreichen äthiopischen Altiplano. Sein opponierbarer Daumen ist sehr flexibel und weist einen großen Bewegungsreichtum auf. Er geht derart geschickt und präzise mit ihm um, dass er in der Lage ist, nach einzelnen Grashalmen zu greifen.

Im Gegensatz zu nahezu allen anderen Affenarten sind Dscheladas reine Bodenbewohner. Sie klettern nicht auf Bäume, weder um ein Nickerchen zu machen noch um Essbares zu suchen, schließlich wächst auf Bäumen kein Gras. Tagsüber streifen sie auf Nahrungssuche umher, zum Schlafen ziehen sie sich in Felsspalten und enge Schluchten zurück.

Weibchen leben in gemischten Gruppen, zusammen mit einem geschlechtsreifen Männchen und dem Nachwuchs. Sie führen nicht nur die Gruppe an, sondern wählen auch ihr Männchen aus. Möchte ein Männchen einem anderen aus einer gemischten Gruppe den Platz streitig machen, kommt es für gewöhnlich zum Kampf. Wer diesen gewinnt, verdient sich aber nicht automatisch den Platz in der Gruppe. Die Weibchen entscheiden sich unabhängig vom Ausgang des »Dschelada-Battles« für einen von ihnen und verscheuchen den anderen. Junge Männchen leben in reinen Männergruppen, denen sich ausgestoßene ältere Männchen anschließen.

Auffällige äußerliche Merkmale sind der bei Männchen sanduhrförmige rote Fleck auf der Brust, das dichte Fellkleid, die opulente Mähne und die Quaste am Schwanzende. Ihr ganzes Erscheinungsbild erinnert an einen Löwen.

Gattung Pavianartige | Art Dschelada | Verbreitung Hochland Äthiopiens | Nachlese Ziel der »Zoologischen Gesellschaft für Arten- und Populationsschutz e. V.« ist der Erhalt wenig bekannter, aber sehr bedrohter Arten: www.zgap.de.

29 Die Gruppendynamik

Wie man ein fitter Affe wird

Schimpansen leben in sogenannten »Fission-Fusion-Gesellschaften«. Diese sind dadurch gekennzeichnet, dass sich die Mitglieder einer Gruppe meist nur zum Schlafen oder für gemeinsame Unternehmungen versammeln. Sie brechen täglich in kleineren Gruppen zur Futtersuche auf. Für die Nachtruhe kommen die Verbände wieder zusammen und bilden eine übergeordnete große Gruppe, die gut 150 Mitglieder umfassen kann.

Die Großgruppen der Gemeinen Schimpansen werden stets von dominanten Männchen angeführt, die unter anderem das Revier gegen andere Schimpansen-Gruppen, unerwünschte Eindringlinge anderer Tierspezies oder hungrige Feinde verteidigen. Ein solches Revier kann 50 Quadratkilometer und mehr umfassen. Die Klein- oder Untergruppen sind äußerst flexibel und stellen meist nur vorübergehende Allianzen dar. Nicht selten treffen einzelgängerische Tiere mit Paaren zusammen, oder aber es formen sich getrennt- oder gemischtgeschlechtliche Gruppen. Bei den Bonobos kommen gemischtgeschlechtliche Gruppen öfter vor als bei den Gemeinen Schimpansen, und sie sind mit sechs bis 23 Mitgliedern in der Regel größer (vier bis acht beim Gemeinen Schimpansen).

Schimpansen haben von allen nicht menschlichen Affenarten das komplexeste soziale Umfeld. Das »Fission-Fusion-System« stellt besondere Anforderungen an die Mitglieder einer Gruppe, zum Beispiel kognitive Fähigkeiten in Bezug auf inhibitorische, also hemmende Verhaltensweisen. In einer wechselhaft sozialen Umgebung können Mitglieder vorschnelle, aber erfolglose Reaktionen unterdrücken. Anders ausgedrückt: Je komplexer die Gruppendynamik, desto fitter der Affe. Und damit ist nicht in erster Linie die Körperkraft gemeint, sondern das »Hirnschmalz«.

Das soziale Umfeld wirkt stimulierend aufs Gehirn und die allgemeine Entwicklung einer Spezies. Hat bei uns Menschen ja ganz gut geklappt, wenn auch mit vielen Abstrichen.

30 Die Händigkeit

Links oder rechts, Hauptsache, durch die Mitte

Beim Menschen ist die Sache eindeutig: Etwa 90 Prozent von ihnen sind Rechtshänder. Für die Entwicklung der Händigkeit galt bisher allein das Gehirn als entscheidend, aber es deutet einiges darauf hin, dass auch das Rückenmark ein Wörtchen mitzureden hat. Die dort verantwortliche Genaktivität ist offenbar bereits vorgeburtlich asymmetrisch und bildet sich aus, bevor sich die motorische Großhirnrinde mit dem Rückenmark verbindet. Bei anderen Tierarten wie zum Beispiel Vögeln oder Kängurus ist die Linkshändigkeit dominant. Es gibt aber auch Tiere, bei denen die Händigkeit nahezu ausgeglichen ist, Katzen etwa. Und wie sieht es bei den nicht menschlichen Affen mit der Seitendominanz aus?

Es deutet viel darauf hin, dass wir die einzigen Affen sind, bei denen auf Populationsebene ein Verhältnis von 9:1 für die Dominanz einer Seite besteht. Bei Schimpansen sollen mindestens ein Drittel Linkshänder sein. Affen benutzen jedoch ebenso wie der Mensch sowohl die linke als auch die rechte Hand. Und bei ihnen ist dabei in der Qualität der Ausführung kein Unterschied zu erkennen. Bei Schimpansen beispielsweise kommt für feinmotorische Tätigkeiten in der Regel die linke Hand zum Einsatz, für grobmotorische die rechte. Für Affenbabys gilt generell: Es gibt diejenigen, die am rechten Daumen nuckeln, und diejenigen, die am linken nuckeln.

Eine kuriose Beobachtung beim Vergleich von Schimpansen in freier Wildbahn mit Artgenossen aus dem Zoo: »Zoo-Schimpansen« bevorzugen die rechte Hand. Selbst für Tätigkeiten, die ihre Artgenossen in Freiheit mit der linken Hand ausführen, benutzen sie vermehrt die rechte. Ein möglicher Grund dafür: In Gefangenschaft aufgewachsene Schimpansen schauen sich bei den Wärtern ab, welche Hand sie benutzen. Und da statistisch gesehen neun von zehn Wärtern Rechtshänder sind, konditioniert sich der Affe, »rechtslastiger« zu werden.

Gattung Gibbons | Art Weißhandgibbon | Verbreitung Südchina, Ost-Myanmar, Thailand, Malaiische Halbinsel, Sumatra | Nachlese Die Stiftung Artenschutz ist eine Gemeinschaftsinitiative von Zoologischen Gärten, Tierparks und Naturschutzorganisationen, die einen wesentlichen und effektiven Beitrag zur Bewahrung existenziell gefährdeter Tierarten, ihrer genetischen Vielfalt und ihrer Ökosysteme leistet: www.stiftung-artenschutz.de.

31 Die Handwerker

Werkzeugtradition bei Affen

Abgesehen von uns Menschen sind Schimpansen die besten Handwerker unter den Menschenaffen. Sie bauen Betten mit flauschiger Matratze (siehe Kapitel 14), sie zimmern sichere Baumverstecke für ihre Jungtiere, und sie falten Blätter annähernd so gut wie die besten Origami-Künstler Servietten. Ihrer Kreativität sind kognitive und motorische Grenzen gesetzt, aber ihre Handwerkskunst kann sich mehr als sehen lassen. Weit über 20 verschiedene Formen von Werkzeuggebrauch können bei Schimpansen beobachtet werden.

Die Handwerks- und Werkzeugtradition der Schimpansen geht weit zurück. Lange vor den Menschen wussten sie zum Beispiel die Hammer-Amboss-Technik für sich zu nutzen. Sie kommt vor allem dann zum Einsatz, wenn es darum geht, harte Nüsse und große Früchte zu öffnen. Das handwerkliche Geschick der Schimpansen beschränkt sich jedoch nicht nur auf das Thema Nahrungsbeschaffung, sondern spiegelt sich auch in anderen Bereichen wider. Für das Errichten von Baumverstecken für die Jungtiere stoßen sie ausgewählte und teils modifizierte Holzstöcke wie Speere in Astlöcher. Für ein gemütliches Bett in den Baumwipfeln flechten sie aus schmalen Zweigen und kleinem Geäst eine Bettunterlage, und aus Blätterwerk machen sie einen Bettbezug. Und wenn es mal durch hüfthohes Wasser geht, kann es vorkommen, dass ein langer Ast als Tiefenmess- und Gehhilfe zum Einsatz kommt.

Schimpansen sind geschickte Handwerker und können mit ihren Händen unterschiedlichste Bewegungen ausführen. Clever nutzen sie natürliche Werkzeuge wie Steine, Äste und Ähnliches auf ganz vielfältige Art und Weise. Um »Speere« für die Jagd herzustellen, brechen sie Äste ab und spitzen sie mit den Zähnen an. Um Beute aus Baumhöhlungen herauszulocken, stochern sie mit präparierten Zweigen hinein. Um Wasser aufzunehmen, falten sie Blätter zu Schiffchen oder verwenden sie als Schwamm.

Gattung Schimpansen | Art Gemeiner Schimpanse | Verbreitung Zentralafrika | Nachlese Selbst mal Hand anlegen? Angebote rund um die Affen hat www.volunteerworld.com im Programm.

32 Der hässliche Cousin

Ein aussterbender, »hinternfarbenfroher« Affe

Drills gelten als schüchtern, haben aber ein einnehmendes Lächeln. Dieses setzen sie nicht nur in geselliger Runde auf, sondern auch im Rahmen von Konflikten. Dieses Lächeln, auch als »Besänftigungs-Grinsen« bekannt, kommt zum Beispiel bei der Begrüßung zum Einsatz und signalisiert dem anderen: Ich komme in Frieden, ich will keinen Stress, lass uns Freunde sein.

Salopp könnte man den Drill als »hässlichen Cousin« des Mandrills bezeichnen – im Gegensatz zu ihm ist er nicht so ein »poppiger Beau« (siehe Kapitel 50). Auch wenn er nicht mit dem »Schönheitskönig« mithalten kann, im dunklen Dickicht verstecken muss sich der Drill ganz und gar nicht. Er begeistert mit pechschwarzem Gesicht samt weißem Saum und fein ziseliertem, grau meliertem, fast glänzendem Oberlippenbart, der dem menschlichen Schnurrbart ordentlich Konkurrenz macht. Insbesondere bei Männchen wirkt das Antlitz aufgrund der speckigen Wangenwülste wuchtig und dennoch warmherzig.

Ganz farblos ist der Drill aber nicht, er spart sich seine Farbigkeit buchstäblich für den Schluss auf, also das Ende, den »Affenarsch«. Dieser kann es im Gegensatz zur Visage locker mit dem »Paradiesvogel-Po« des Mandrills aufnehmen: bunt wie ein Osternest unterm Regenbogen am Weihnachtsbaum. Die Genitalien des Drillmännchens sind rot und fliederfarben. Sein gesamtes Hinterteil leuchtet: Fliedertöne, Blautöne, Rottöne und Purpurtöne geben sich die Klinke in die Hand und sorgen für ein Farbspektakel der besonderen Art. Übrigens: Je leuchtender das Gesäß, desto höher der Rang des Besitzers innerhalb des Verbandes. Der »Regenbogen-Po« dient als Kommunikationsmittel: Die Tiere präsentieren häufig ihr leuchtendes Hinterteil und teilen sich so den anderen mit.

In freier Wildbahn gibt es noch rund 3.000 Drills. Wildfleischkonsum und Rodung setzen ihnen stark zu. Der Drill ist einer der seltensten afrikanischen Primaten.

Gattung Mandrillartige | Art Drill | Verbreitung Cross River State in Nigeria, Südwest-Kamerun, Bioko Island (Äquatorialguinea) | Nachlese Der Drill gehört zu den am stärksten bedrohten Affenarten Afrikas: www.rettet-den-drill.de.

33 Der heilige Affe

Ein brennender Schwanz im Mund und vier Kammern

Languren sind Indiens bekannteste Affen. Sie sind über den ganzen Subkontinent verbreitet und gelten als Kulturfolger. Viele Arten haben sich im Laufe der Zeit mit den Menschen vertraut gemacht und leben unweit menschlicher Siedlungen. Sie hausen vorwiegend in den Wäldern, halten sich aber auch schon mal in Tempelanlagen auf, auf den Straßen der Städte hingegen trifft man sie kaum an.

Der Affe gilt in Indien als heiliges Tier, den Hanuman-Languren wird dabei eine Sonderrolle zugesprochen. Sie genießen »Narrenfreiheit«, werden stets respektvoll behandelt, und auf den Tellern menschlicher Affen landen sie erst recht nicht. Ihren Namen verdanken sie Hanuman, einer hinduistischen Gottheit in Affengestalt, die heute zu den populärsten Hindu-Göttern gehört. Sie werden als direkte Nachfahren von Hanuman betrachtet, und nach hinduistischer Mythologie wird der Affengott durch sie verkörpert. Charakteristisch für Hanuman-Languren ist ihr pechschwarzes, unbehaartes Gesicht samt Überaugenwülsten. Das soll nicht von ungefähr kommen. Nach dem Mahabharata ist das Ramayana das zweite indische Nationalepos, und daraus stammt folgende Legende: Hanuman steckte sich seinen brennenden Schwanz in den Mund, nachdem er die Hauptstadt Lanka in Brand gesetzt hatte.

Die heiligen Hanuman-Languren unterteilen sich in zwei Gattungen mit sechs und zwei Arten. Für alle gilt: Sie sind schlank, langschwänzig und mit einem Gesichtskranz ausgestattet. In Sachen Farben unterscheiden sie sich teils sehr. Die am weitesten verbreitete Art ist der Bengalische Hanuman-Langur. Sein Fell ist vorwiegend orangegelb, der Rücken graubraun, Hände wie Füße sind schwarz. Sein Gesichtskranz ist fast weißlich, mit schwarzen »Highlights« oberhalb der Augen. Sein großer Vorteil: Er ist nicht wählerisch in Bezug auf seinen Lebensraum. Und wie alle Languren hat er einen Magen mit vier Kammern, der dem von Wiederkäuern ähnelt.

34 Das Hinterhauptsloch

Ein scheinbar unscheinbares Loch ist »Lochkönig«

Das Hinterhauptsloch (siehe auch Kapitel 11) ist zu spannend, um ihm nur einen kurzen Absatz am Textende zu widmen. Einem scheinbar unscheinbaren Loch im Schädel schenkt man für gewöhnlich kaum Aufmerksamkeit – was soll schon so besonders sein an einem Durchbruch, der die Schädelhöhle mit dem Wirbelkanal verbindet und die Schnittstelle für das zentrale Nervensystem ist? Eine ganze Menge, so viel ist sicher!

Ohne das Hinterhauptsloch, das die größte Öffnung des Schädels darstellt und dessen hinterer Mittelpunkt als anatomischer Orientierungspunkt für Schädelvermessungen dient, könnte der Mensch nicht aufrecht gehen. Und seien wir an dieser Stelle ruhig noch ehrlicher, als wir es sowieso schon sind: Was den Menschen in erster Linie von den anderen Affen unterscheidet, ist der aufrechte Gang. Er befähigt den Menschen, wie ein Gockel herumzustolzieren. Stets die Nase nach oben gerichtet und auf die anderen Affen herabschauend, allen voran die seiner eigenen Art.

Das Hinterhauptsloch liegt bei den anderen Menschenaffenarten nicht im Schwerpunkt, es ist nach hinten verschoben. Das führt einerseits zu einer »Schnauzenlastigkeit« und andererseits zu dem Umstand, dass sie ihren Kopf nicht senkrecht halten können. Ein Faktor, der ihnen den aufrechten Gang vermiest. Bei uns Menschen hingegen befindet sich das Loch im Schwerpunkt. Und das gibt uns die Möglichkeit, den »Hirnkasten« ohne angestrengtes Balancieren aufrecht zu tragen. Kurz und schmerzlos: ohne perfekt sitzendes Hinterhauptsloch keine Hominisation.

Das Zähmen des Feuers, Gehirnschmalz, Emotionen (siehe Kapitel 46, 24 und 59) – es gibt viele Dinge, die uns zu dem gemacht haben, was wir sind, aber den König aller Löcher hat kaum jemand auf dem Zettel. Dabei ist das Hinterhauptsloch der Garant dafür, dass wir nicht mehr auf allen vieren herumkriechen. Und ohne den aufrechten Gang wären wir nicht allzu weit gekommen.

35 HIV

Eine Wiege im afrikanischen Urwald

Die Wiege des Humanen Immundefizienz-Virus (HIV) liegt vermutlich in den Urwäldern Afrikas. Die humanpathogenen HIV-Stämme stammen nach aktuellem Wissensstand von Immunschwächeviren der Affen ab. Von welcher Art genau, ist ungeklärt. Der Aids-Erreger kommt hauptsächlich in zwei Varianten vor: HIV-1 und HIV-2. Erstere ist am weitesten verbreitet, und alles deutet darauf hin, dass der Vorläufer des HI-Virus vom westafrikanischen Schimpansen abstammt.

Seit 1981 ist Aids als eigenständige Krankheit anerkannt. Bis heute steht keine Schutzimpfung parat. Bei Covid-19 verstrich nicht einmal ein Jahr bis zur Herstellung eines Impfstoffes. Der Humane Immundefizienz-Virus, der das Immunschwächesyndrom Aids auslöst, ist deutlich komplizierter. Aber die Hoffnung stirbt zuletzt: Vielversprechende Impfstoffkandidaten sind in der Entwicklung und erblicken hoffentlich bald das Licht der Welt.

Das Virus hat bereits mehrmals die Artengrenze übersprungen: vom Affen zum Menschenaffen zum Menschen. Wie das Virus letztere Artengrenze überspringen konnte, ist unklar. Vermutlich im Zusammenhang mit dem Schlachten und dem Verzehr von kontaminiertem Affenfleisch. Allerdings müsste das menschliche Immunsystem normalerweise den Erreger eliminieren. Die Schimpansenversion des HI-Virus hat es irgendwie geschafft, sich an den neuen Wirt anzupassen. Und zwar bei mehreren Gelegenheiten, sonst gäbe es keine genetisch unterschiedlichen HIV-Stämme. Zoonosen sind nicht selten, und meist passieren sie wohl im Zusammenhang mit Wildtierfleischverzehr.

Der älteste bekannte Hinweis einer Übertragung stammt aus dem Jahr 1959. 1969 starb der erste nachgewiesene HIV-Infizierte. 1976 folgte eine dreiköpfige Familie. In den 80er Jahren explodierten die Zahlen. Die erste Infektion überhaupt mit der Schimpansenversion soll sich aber bereits in den 1930er Jahren ereignet haben.

36 Der Hoden-Hirn-Index

Von »dicken Eiern« und kleinen Hirnen

Testikel sind etwas Wundersames. Sie produzieren Spermien und Androgene, allen voran Testosteron. Gut geschützt und wohltemperiert liegen sie weich gebettet im Hodensack, der sich bei allen Affen außerhalb des Körpers befindet, letztlich gemeinsam mit dem Penis zwischen den Beinen »baumelt«. Dass die Hoden mit dem Gehirn in Konkurrenz stehen sollen, klingt erst mal seltsam, bei näherer Betrachtung erkennt man aber durchaus eine Korrelation.

Der Energieverbrauch eines großen Gehirns ist hoch, ebenso der für die Produktion vieler Samenzellen. Beides in Hülle und Fülle ist schwierig, deswegen gilt bei allen nicht menschlichen Affen überwiegend folgende »Faustregel«: große Hoden, kleines Gehirn. Dabei spielt die Häufigkeit der Sexualkontakte eine Rolle. Und da diese in der Regel von den Weibchen gesteuert werden, sind sie es, die entscheiden, ob ihre Männchen »dicke Eier« haben oder ein großes Hirn. Männchen, die häufig ihre Sexualpartner wechseln, was bei vielen Affenarten der Fall ist, haben einen positiven »Hoden-Hirn-Index«, sprich größere Hoden in Relation zum Gehirn. Wer also untenrum gut bestückt ist, hat im Oberstübchen ein paar »Lampen« weniger als derjenige, der untenrum weniger beeindruckt.

Sind häufige Partnerwechsel beliebt, werden die Hoden der Männchen größer. Warum, ist klar: Große Eier bedeuten eine höhere Samenproduktion. Und je mehr Samen eine Ejakulation beinhaltet, desto größer ist die Chance, dass man einen Konkurrenten bei der Weiterreichung der eigenen Gene aussticht.

Gilt die ganze Nummer auch für den menschlichen Affen? Man weiß, dass Hoden schneller wachsen als das Gehirn, aber inwieweit Hoden und Hirn in der Größe aufeinander bezogen sind, ist nicht bekannt. Dafür wissen wir, dass das Gehirn für die Erektion zuständig ist. Ungeklärt ist außerdem die Auswirkung eines kleinen oder großen männlichen Geschlechtsorgans auf den Intelligenzquotienten.

37 Die Honigschlemmermäuler

Honigkeule und Honigangel statt Honiglöffel

Schimpansen lieben Honig. Der goldene Saft, der Wunder schafft, ist eine hochwertige Nahrungsquelle, und wo sich Bienen tummeln, da ist der »Honiglangfinger« nicht weit. Der Schimpanse ist, wie auch der Mensch, ein Honigdieb. Einem Schimpansen in Imkermontur samt Hut mit breiter Krempe, Schleier und schwarzer Gaze im Gesichtsfeld werden wir trotzdem nicht begegnen. Aber wie kommt das Tier eigentlich an den Honig? Und wie nimmt es ihn zu sich, damit möglichst wenig danebengeht? Es wird ja kaum seinen Honig »löffeln«. Oder etwa doch?

Schimpansen verwenden weder den Finger noch avantgardistische Löffel. Um an den Honig zu kommen, benutzen sie jedoch ebenso wie der Mensch »Werkzeug«. Kleine Zweige kommen als zweckdienliche »Fingerverlängerungen« zum Einsatz, nachdem sie entlaubt und entsprechend präpariert wurden. Am weitesten verbreitet ist die »Honigangel-Methode«. Dabei werden schmale, längliche Holzstöcke in den Bienenstock getaucht und anschließend abgeschleckt. Nicht ganz so hoch entwickelt wie wir, aber doch ziemlich clever.

Je nachdem, wo sich die Bienennester befinden, zum Beispiel hoch oben im Baum oder unterirdisch im Boden, benutzen Schimpansen drei bis fünf verschiedene Werkzeuge, um an die Wintervorräte der effektivsten Bestäuber unter den Insekten zu gelangen. Sie verwenden stumpfe Stöcke zum Aufbrechen des Bienennestes, dünne, um die Wabenkammern zu öffnen, und an einem Ende ausgefranste Stöckchen, die sie in den Honig tauchen.

Bei manchen Schimpansen kommt zusätzlich folgende Methode zur Honiggewinnung zum Einsatz: das »Bienenstock-Dreschen«. Ein schwerer Ast wird als Keule benutzt, sie dreschen auf das Bienenzuhause, als gäbe es kein Morgen. Dabei bevorzugen sie Nester von nicht stechenden Bienen.

38 Der Humor

Von affigen Lachfalten

Die Frage, ob Affen Humor haben, ist schwer zu beantworten. Da müsste man erst mal Humor definieren und Abgrenzungen festlegen. Der Humor beim Menschen ist stark von Kultur und Sozialisation geprägt. Dass Humor eine teils angeborene, genetisch bedingte Charaktereigenschaft ist, ist Gegenstand der Wissenschaft, bleibt aber vorerst eine Vermutung. Aber dass Affen lachen, das ist bekannt. Einen lachenden Affen hat jeder schon einmal gesehen. Das Internet ist voll von ihnen. Auch im Zoo lachen sie, obwohl sie dort meist nicht allzu viel zu lachen haben.

Wir Menschen scherzen gern mal und necken uns gegenseitig, meist freundschaftlich und im Sinne der »Lachmuskelaktivität«. Bei Menschenaffen kann man ähnliche Verhaltensweisen beobachten. Sinn und Zweck der Neckerei? Das Stärken sozialer Bindungen innerhalb der Gruppe.

Menschenaffen beherrschen drei Formen von spielerischem Necken, die menschliche Kleinkinder noch vor dem Spracherwerb praktizieren. Da wären zum Beispiel das Anbieten und Zurückziehen eines Gegenstandes oder das mutwillige Stören der Tätigkeit eines anderen. Als dritte Form der Neckerei gilt die »provokative Zuwiderhandlung«, die ebenfalls von Menschenaffen praktiziert wird. Die Tiere üben das alles in reichlich abgeschwächter Form aus, aber die Hinweise auf das Beherrschen dieser humorvollen Spielereien sprechen eine klare Sprache: Menschenaffen besitzen die kognitiven Fähigkeiten, sich in andere hineinzuversetzen und deren Erwartungen und Reaktionen vorauszusehen.

Eines der Prinzipien von Humor ist das Spielen mit der Erwartung des anderen. Wer einem Schimpansen eine Spielkarte zeigt und diese mittels eines Zaubertricks »verschwinden« lässt, bekommt eine klare Reaktion: Der Affe lacht sich krumm und bucklig. Damit allein ist noch nicht bewiesen, dass der Affe Humor hat, aber sein Lachen ist ein Zeichen dafür, dass er den Spaß »versteht«.

Gattung Makaken | Art Schopfaffe | Verbreitung Nordosten der Insel Sulawesi und Nachbarinseln Tua und Talise (Indonesien) | Nachlese Die Interessengemeinschaft der Primatenhalter e. V. hat ein Herz für Affen. Ihre Vision ist es, Affen vor dem Aussterben zu bewahren und sie respektvoll und tiergerecht zu behandeln: www.ig-primaten.de.

39 Der Immigrant

Famoser Affenfelsen voller Ganoven

Gibraltar ist eine unter britischer Souveränität stehende Halbinsel an der Südspitze der Iberischen Halbinsel. Und was macht sie so besonders? In Gibraltar lebt die einzige halbwilde nicht menschliche Affenpopulation Europas, bestehend aus etwa 250 Berberaffen.

Diese gehören zu den Makaken, die eigentlich in Asien leben. Doch der Berberaffe bildet eine Ausnahme. Seine Heimat ist Nordafrika. Er kommt im Rifgebirge und im Mittleren Atlas in Marokko vor und auch in der Kabylei in Algerien (siehe Kapitel 2). Und wie hat er es über das Mittelmeer geschafft? Eine verwandte Affenart, nämlich der Mensch, half ihm einst über das Meer und wilderte ihn vermutlich unabsichtlich aus. Dem Berberaffen war's egal, er siedelte sich an und produzierte fleißig eine Generation nach der anderen.

Fossilienfunde zeigen zwar, dass Berberaffen in den Warmzeiten des Mittel- und Altpleistozäns im südlichen, westlichen und mittleren Europa vorkamen, sogar im damals noch trockenen Gebiet der heutigen Nordsee, aber mit der aktuellen Population hatten diese nichts gemein. Die einzigen Europäer unter den Affen haben algerische und marokkanische Wurzeln. Ihr Lebensraum ist einer der berühmtesten Felsen der Welt, der den größten Teil der Halbinsel von Gibraltar bildet und von den Berberaffen quasi in Beschlag genommen wurde. Wegezoll verlangen diese zwar nicht, aber sie haben dennoch ihre Methoden gefunden, um menschlichen Felsenbesuchern etwas »abzuluchsen«.

Die Affen zeigen wie kaum eine andere nicht menschliche Affenart verhaltensbiologische und ökologische Anpassungen. Sie sind äußerst zutraulich, sehr einfühlsam, halten zusammen und sorgen sich rührend um ihre Jungtiere. Und ja, nicht selten schlüpfen sie in die Rolle des Ganoven und klauen Besuchern die Pringlesdose, die Baseballkappe, den Kugelschreiber oder gar die Hose. Also: Augen auf beim Gibraltarbesuch!

40 Das Infektionsprotokoll

Social Distancing

Schimpansen sind soziale Tiere. Sie leben in Gruppen und halten sich oft nah beieinander auf. Vor allem die Bonobos pflegen einen sehr innigen Lebensstil in der Gemeinschaft, bei dem Berührungen, Umarmungen und Liebkosungen eine große Rolle spielen. Aber wenn sich ein Gruppenmitglied mit einer infektiösen Krankheit ansteckt, zum Beispiel mit Polio, versteht der Schimpanse keinen Spaß. Unter Affen sind Infektionskrankheiten zwar nicht so verbreitet wie unter Menschen – sie haben im Rahmen der positiven Selektion in Sachen Immunsystem im Laufe der Evolution bessere Genmanipulationen entwickelt –, aber sie können dennoch vorkommen. Außerdem betreiben Schimpansen und auch andere Affen Prophylaxe (siehe Kapitel 103).

Wenn aber ein Schimpanse sichtbare Symptome einer ansteckenden Krankheit zeigt, im Fall von Polio zum Beispiel Lähmungserscheinungen, gibt es nur eine Möglichkeit, eine Ausbreitung der Krankheit innerhalb der Gruppe zu verhindern: Social Distancing. Ein Begriff, den wir mittlerweile zur Genüge kennen und der uns im Laufe der Covid-Pandemie »eingeimpft« worden ist. Schimpansen beherzigen diese Methode schon lange. Wer krank ist, muss sich isolieren. Und wer es nicht freiwillig tut, dem wird Gewalt angedroht. Er wird verscheucht und letztlich seinem eigenen Schicksal überlassen. So sozial Schimpansen auch sind, beim Schutz der Gruppe vor einem Krankheitserreger machen sie keine Kompromisse. Der Kranke kann mit keinerlei Gnade rechnen. Das Mittel der Wahl lautet dann nicht nur Social Distancing, sondern kompletter Ausschluss aus der Gesellschaft. Und das in der Regel für immer. Selbst wenn sich der Erkrankte vollständig erholt, heißt das noch lange nicht, dass er wieder aufgenommen wird.

Sicher ist sicher. Berührungsvermeidung ist schön und gut, aber gar kein Kontakt ist noch besser. Der Schutz der Gruppe steht bei den Schimpansen stets über dem des Individuums.

41 Der Katarrh-König

Schnief, schnief, schnief

Von einem ungeliebten Katarrh werden nicht nur Menschen geplagt, sondern mit den Bonobos auch andere Menschenaffen. Zumindest diejenigen, die in Zoos gehalten werden und über ein weniger robustes Immunsystem verfügen.

Bonobos gelten als die friedfertigsten Menschenaffen. Sie haben ein etwas zierlicheres Erscheinungsbild als ihre Schwesterart, der Gemeine Schimpanse, der in der Regel keineswegs hinterhältig ist, sondern »gemein« im Sinne von »gewöhnlich« im Namen trägt. Mitunter ist genau diese »Zierlichkeit« einer der Aspekte, warum Bonobos die »Katarrh-Könige« unter den Affen sind: Sie fangen sich mir nichts, dir nichts Erkältungsviren ein und reagieren stets äußerst empfindlich auf Atemwegserkrankungen.

In freier Wildbahn wird man einen verschnupften Bonobo eher selten antreffen. Des Bonobos Lebensraum ist der tropische Regenwald, und da herrscht kontinuierlich warmes und feuchtes Äquatorklima. Erkältungsviren mögen es aber kalt. Dann haben sie in Außenbereichen des Körpers wie der roten Winternase leichteres Spiel, da die Immunabwehr dort nicht so rundläuft wie im wärmeren Inneren, zum Beispiel in der Lunge. Außerdem haben wild lebende Bonobos, wie viele andere Affen auch, einige Gesundheitstricks drauf – sie bedienen sich zur Vorsorge und zur Bekämpfung von bakteriellen wie viralen Krankheiten in der Naturapotheke (siehe Kapitel 103).

»Zoo-Bonobos« sondern dafür in den kalten Wintermonaten, bei niedrigen Temperaturen und an feuchtkalten Tagen ständig ein wässriges, schleimiges Sekret ab. Diagnose: Entzündung der Schleimhäute von Nase und Rachen. Bei kühlem Wetter gilt im Zoo also für die Bonobos Ausgehverbot: Außengehege tabu!

Erwachsene Bonobos überstehen einen Katarrh meist, bei Jungtieren wird es kritisch. Sie sind bei Weitem noch nicht so robust und können sehr schnell eine lebensbedrohliche Lungenentzündung entwickeln.

42 Der Kehlsack

Schallverstärkender Resonanzkörper

Der Preis für den größten Kehlsack im Affenreich geht an den Siamang. Er ist der größte und schwerste Vertreter der Gibbonfamilie, und sein aufblähbarer, melonengroßer Kehlsack ist sein Markenzeichen Nummer eins. Beim Rufen wird die »Melone« zusätzlich aufgeblasen, also die ohnehin schon markante rundliche Ausstülpung der Kehlkopfschleimhaut weiter ausgedehnt. Sowohl tiefe als auch hohe Töne werden in einer Bandbreite erzeugt, die nur wenige andere Affenarten im Repertoire haben. Von allen Gibbons, die allesamt exzellente »Waldsänger« sind, ist der Siamang derjenige, der am lautesten musizieren kann und die größte Variation in seiner Stimmbildung hat. Ein solch gewaltiger, schallwellenverstärkender Resonanzkörper ist eine Seltenheit unter Affen und erzeugt Laute, die kilometerweit zu hören sind.

Siamangs sind äußerst ausdrucksstark und teilen sich gern mit. Sie benutzen ihren Kehlsack von morgens bis nachmittags, im Grunde genommen über die ganze etwa zehn Stunden betragende Aktivitätszeit hinweg. Mit ihrem markanten, lauten Gesang verteidigen sie ihr Territorium gegenüber Artgenossen, aber auch unerwünschten Besuchern machen sie damit klar, dass sie sich einen anderen Platz suchen sollten. Wer diese Laute missachtet, wird in der Regel gewalttätig vertrieben. Erste Maßnahme ist aber stets der Einsatz des Kehlsacks, »Haue« gibt es nur für diejenigen, die sich den Drohlauten widersetzen.

Siamangs singen oft im Duett. Weibchen und Männchen geben mehrmals täglich gemeinsam eine Gesangseinlage zum Besten. Sie stärkt die Paarbindung. Siamangs leben in der Regel monogam, wobei es Weibchen gibt, die sich zwei Männchen gönnen. Siamangs machen aber nicht nur allein oder im Duett »Waldmusik«, sondern auch im Familienverbund. Um anderen Gruppen zu verdeutlichen, wo die eigenen Wohn-, Nahrungs- und Schlafplätze sind, trällert die ganze Familie einen ausgiebigen »Liedermarathon«.

43 Das Kitzeln

Plädoyer für den (Nerven-)Kitzel

Was passiert, wenn man einen menschlichen Affen kitzelt? Für gewöhnlich prustet er los und schüttet sich aus vor Lachen. Reagieren andere Affen genauso? Ja, auch sie produzieren Lachgeräusche, genau genommen kitzelinduzierte Vokalisationen. Zwar ist ihr Lachen nicht ganz so melodisch und variantenreich, aber ihre herzhaften Knack- und Grunzlaute, die sie beim Ein- und Ausatmen von sich geben, können klar als unwillkürliche Reaktion auf das spielerische Kitzeln interpretiert werden. Bei Gorillas klingt es wie Vogelgezwitscher, Schimpansen lachen, Orang-Utans grunzen. Und bei uns Menschen könnten Lachgeräusche nicht unterschiedlicher sein.

Das Kitzeln auf der Haut ist der Ursprung des Lachens. Unsere gemeinsamen Vorfahren, also die der Menschenaffen im Allgemeinen, erfanden das Kitzeln wohl bei der Fellpflege. Für lange Zeit war das Kitzeln die einzige Ursache für Lachen. Bevor sich so etwas wie Humor, also ein Kitzeln des Geistes, entwickeln konnte und damit das bewusste, weil kognitive Lachen en vogue wurde, ging die Sonne noch sehr oft auf und unter.

Aus Sicht des Körpers ist das Kitzeln eine Art Scheinangriff. Er reagiert auf eine unvorhersehbare Berührung von außen mit einem Reflex, der einen in »Alarmbereitschaft« versetzen soll. Die erste Reaktion auf das Kitzeln mag noch ein Lachen sein, aber sehr schnell kann eine »Kitzelattacke« zur Qual werden. Lust und Leid liegen beim Kitzeln ganz nah beieinander. Aber ohne (Nerven-)Kitzel ist das Leben nur halb so prickelnd.

Menschenaffen beherrschen die Unterscheidung zwischen sich selbst und anderen, und das ermöglicht ihnen, sich einander auf diese Weise zu widmen. Gorillababys werden oft gekitzelt, nicht selten übernehmen das die Männchen. Übrigens funktioniert das »Lachkitzeln« nur dann richtig gut, wenn es jemand anders macht. Oder haben Sie sich schon einmal selbst in den Wahnsinn gekitzelt?

44 Die Kletterclique

Kooperieren statt anschmieren: die Dreierleiter

Das Gruppenverhalten sozial lebender Affen ist geprägt durch Kooperation und Konkurrenz. Bei vielen Affenarten hat sich die Gruppe als evolutionsstabile Lebensform etabliert. Im Gegensatz zur solitären Lebensweise ist für jedes einzelne Mitglied der Gemeinschaft der Nutzen im Durchschnitt größer als die Kosten. In Sachen Kooperation geht es hauptsächlich um den Austausch von Erfahrungen, sei es hinsichtlich der Futtersuche, der Schlafplatzauswahl oder der Wanderrouten, aber auch um die gemeinsame Verteidigung gegen Territorialfeinde, den Schutz vor Raubfeinden und die frühe Signalisierung von Gefahren.

Die Kooperationsbereitschaft geht aber nicht selten weiter und bezieht sich nicht nur auf elementar wichtige Faktoren des Zusammenlebens in freier Wildbahn. Kooperieren heißt auch, anderen Gruppenmitgliedern zu helfen. Grundsätzlich ohne Aussicht auf eine unmittelbare Gegenleistung. Sich gegenseitig unter die Arme zu greifen ist im »egoistischen« Affenreich weiter verbreitet, als man annehmen könnte. Hinzu kommt, dass das Hilfeverhalten ein sehr komplexes sozialpsychologisches Phänomen ist, das von vielen Faktoren bedingt wird. Jemandem zu helfen bedeutet, den Zustand eines anderen zu verbessern. Nicht menschliche Affen sind generell in der Lage, ein solches Verhalten an den Tag zu legen, auch wenn nicht alle im gleichen Maß und verschiedene Affenarten unterschiedlich weit entwickelt sind, was dieses Thema betrifft.

Manches bekommt man allein einfach nicht gut hin, da ist es ein Segen, wenn man auf die Hilfe eines anderen zurückgreifen kann. Zum Beispiel wenn, wie auf dem Bild rechts zu sehen, ein Hindernis überwunden werden muss. Kurzerhand eine »Dreierleiter« aus dem Hut zu zaubern ist für die kleinen Dscheladas eine Selbstverständlichkeit. Da gilt es auch, sich am Schwanz des Vordermannes festzuhalten und daran hochzuziehen. Hauptsache, alle kommen heil oben an.

45 Der Kniestrumpfträger

Voll im Trend

Kleider machen Leute – und Affen, sowohl menschliche als auch nicht menschliche. Folgende modische Kombination hat es in sich und ist einzigartig im Affenreich: eine blickdichte, figurformende schwarze Strumpfhose mit beidseitigen gelb-weißlichen »Gluteus-Maximus-Flicken«, rotbraune Kniestrümpfe, schwarze Halbschuhe, pastellgrauer Pullover, halbärmlige schwarze Jacke, schneeweiße Opernhandschuhe mit schwarzer Fingerhandschuhfläche, kaskettartige mausgraue Schirmmütze mit frechem Schnitt und engem Dach. Accessoire-Highlight: ein sehr langer perlweißer Schwanz. Und untendrunter bei Männchen ein knallroter Penis und ein blütenweißer Hodensack. Weitere modische Hingucker: orangefarbenes Gesicht, opulenter weißer Backenbart und grafitschwarze Mandelaugen mit Epikanthus-Falten. Karl Lagerfeld würde sich wohl im Grab umdrehen, aber dem Rotschenkligen Kleideraffen steht diese Komposition. Ein kecker modischer Geck.

Er ist einer der buntesten Affen im Urwald, der paradoxerweise selbst aber gar nicht in der Lage ist, seine Farbenpracht zur Gänze zu betrachten. Er ist zwar nicht farbenblind, aber ein Dichromat und auf die Farbpigmente Blau und Gelb beschränkt (siehe Kapitel 93).

Ein egozentrischer, selbstverliebter Paradiesvogel ist der »Strumpfkönig« nicht. Kleideraffen sind extrem gesellige Zeitgenossen, die keiner Fliege was zuleide tun. Sie sind reine Pflanzenfresser und bevorzugen stets ein friedvolles Miteinander. Nahrung wird großzügig geteilt, und um die Jungtiere kümmern sich alle. Der »kniestrumpftragende« Paradiesaffe ist ein fürsorglicher Familienaffe, der es sich in den Bäumen gemütlich macht und gern Trampelpfade durch das Geäst anlegt.

Beim Paarungsritual sind Rotschenklige Kleideraffen wahre Pantomimekünstler: Weibchen und Männchen betreiben quasi als Vorspiel und Einstimmung auf den sexuellen Akt ein illustres Grimassenspiel.

46 Der kochende Affe

Hauptsache, Feuer

Sind wir die einzigen Lebewesen, die Nahrung aufwärmen, also kochen können? Oder gibt es vielleicht einen anderen Affen, der das auch kann? Vorneweg: Wir sind die einzigen. Aber unserem »Cousin«, dem Schimpansen, fehlt nicht viel zum »Koch«. Ihm würde die Kochschürze mindestens genauso gut stehen wie dem Menschen.

Der Schimpanse erfüllt als einziger nicht menschlicher Affenvertreter fast alle kognitiven Voraussetzungen, um meisterhaft den Kochlöffel zu schwingen – aber eben nur fast. Ein Schimpanse würde kochen, wenn er denn könnte. Es scheitert an einem einzigen Kriterium: der Feuerkontrolle. Wäre ein Schimpanse in der Lage, das Feuer zu zähmen, würde er schnell zum »Grillmeister«. Das Kochen ist eine zutiefst menschliche Eigenart und erscheint profan, aber das Aufwärmen von Nahrung bringt einen erheblichen Vorteil: einen Anstieg der Hirnkapazität.

Gekochtes ist einfacher zu verdauen und liefert mehr Energie fürs »Oberstübchen«. Wer also Gekochtes zu sich nimmt, dem geht oben buchstäblich das Licht an. Hätte unser Vorfahre, der *Homo erectus*, nicht das Spiel mit dem Feuer erlernt, würden wir heute sicherlich keine eigene Gattung innerhalb der Menschenaffen darstellen. Der Mensch braucht fürs Kauen im Vergleich zum Schimpansen lediglich ein Fünftel bis ein Zehntel der Zeit. Auch mit der Verdauung ist der Mensch um ein Vielfaches schneller. Würden wir nur Rohkost zu uns nehmen, wären wir mit Kauen und Verdauen so sehr beschäftigt, dass nur wenig Zeit und Energie für Hirnleistung übrig bleiben würde.

Experimente zeigen: Haben Schimpansen die Wahl zwischen gekochtem und rohem Gemüse, wählen sie in der Regel Ersteres. Sie begreifen sogar, dass der Kochprozess Zeit in Anspruch nimmt. Anstatt sich die Nahrung sofort einzuverleiben, sind sie in der Lage, dieser Versuchung zu widerstehen und die Kochzeit abzuwarten. Der Mensch ist ein kochender Affe, und auch der Schimpanse wäre gern einer.

Gattung Schimpanse | Art Gemeiner Schimpanse | Verbreitung Zentralafrika | Nachlese
Sich für den Regenwald einsetzen heißt auch sich für Affen einsetzen: www.regenwald.org.

47 Das Konfliktmanagement

Sex oder Haue, Hauptsache, lösungsorientiert

Genetisch ähneln sich Bonobos und die Gemeinen Schimpansen stark, sie sind Schwesterarten, die durch einen Fluss voneinander getrennt sind (siehe Kapitel 3). Aber ihr Konfliktmanagement könnte nicht unterschiedlicher sein.

Erstere lösen ihre Konflikte mit sexuellen Handlungen, nicht selten auch gleichgeschlechtlichen, und stets polygam, was nicht nur die eigene, sondern auch andere Bonobo-Gruppen mit einschließt. Die Gemeinen Schimpansen lösen Konflikte oft gewalttätig und setzen pure Muskelkraft gegen fremde Gruppenmitglieder ein, aber auch gegen die eigenen.

In Bonobo-Gesellschaften herrscht eine Art Willkommenskultur, in der sexuelles Verhalten als sozialer Klebstoff dient. Und das nicht zu knapp. Je mehr Sex, desto weniger Konflikte, desto stärkere Beziehungen. Und auch gegenüber anderen Gruppen zeigen sie sich in Körperlaune: Weibchen reiben gern ihre Klitorides aneinander und lösen – oder besser gesagt: vermeiden – auf diese Art Revierstreitigkeiten (siehe Kapitel 69). Gemeine Schimpansen ordnen sich hingegen einer ausgeprägten Rangstruktur unter, die mittels Gewalt durchgesetzt wird. Der Anführer herrscht meist wie ein Diktator über die Gruppe und zeigt sich auch gegenüber fremden Gruppen oft aggressiv, forsch und resolut.

Bonobos und Gemeine Schimpansen: gut und böse? Kamasutra-Affen und Fightclub-Affen? Diplomaten und Anarchisten? Intellektuelle und Bodybuilder? Die zwei Gesichter des Menschen? Bonobos und Schimpansen wurden vor etwa ein bis zwei Millionen Jahren von der Evolution getrennt. Sie entwickelten sich ähnlich, aber vom Hauptwesen her dann doch sehr unterschiedlich. Es scheint, als hätte sich der Bonobo selbst domestiziert und der Gemeine Schimpanse sich langsamer entwickelt. Oder anders ausgedrückt: Der Bonobo ist der »Hund«, der Gemeine Schimpanse der »Wolf«. Und der Mensch? Der ordnet sich dazwischen ein, ist quasi ein »bipolarer« Menschenaffe.

48 Die Kontinentenschau

Affen auf allen Kontinenten?

Die Einteilung in Altweltaffen und Neuweltaffen innerhalb des Taxons der Affen erfolgt in erster Linie aufgrund ihrer geografischen Verbreitung. Altweltaffen: Afrika-Eurasien. Neuweltaffen: Amerika. Fehlen noch die Kontinente Antarktika und Ozeanien (mit Australien). Auf ersterem sind Pinguine, Robben und Springschwänze charakteristisch, in Australien Kängurus, Koalas und Wombats. Nicht menschliche Affen haben es aber weder an den Südpol noch in die »Südsee« geschafft. Abgesehen von der kontinentalen Aufteilung unterscheiden sich beide Verwandtschaftsgruppen unter anderem in äußerlichen Merkmalen.

Altweltaffen sind im Durchschnitt größer als Neuweltaffen und haben eine schmale Nasenscheidewand mit in der Regel nach vorne zeigenden Nasenlöchern (Schmalnasenaffen). Neuweltaffen haben eine breite Nase mit nach außen gerichteten Löchern (Breitnasenaffen). Die Daumen der Schmalnasenaffen sind opponierbar, die der Breitnasenaffen nahezu ausnahmslos nicht (siehe Kapitel 17). Neuweltaffen nutzen ihren meist sehr langen Schwanz als Greifschwanz, Altweltaffen nicht, viele Arten haben nicht mal einen oder nur eine Art Stummelschwanz (siehe Kapitel 85). Die Hinterbeine der Breitnasenaffen sind in der Regel etwas länger als die Vorderbeine, bei Schmalnasenaffen ist es meist andersherum.

Und wie kamen die Affen eigentlich von ihrer Wiege, dem afrikanischen Kontinent, nach Amerika? Wohl auf Treibsand-Inseln, die sie wie eine Art Floß transportierten. Vor gut 30 Millionen Jahren waren beide Kontinente etwa 1.500 Kilometer voneinander entfernt. Zusätzlich sorgte eine Vergletscherung für ein näheres »Zusammenrücken«. Skepsis ist erlaubt, doch archäologische Funde von Knochen und Zähnen eines aus dem heutigen Ägypten stammenden Affen weisen darauf hin. Und warum schafften es Affen nicht auch nach Australien? Nun, weil Australien eben schon immer ein bisschen anders war als der Rest der Welt.

Gattung Klammeraffen | **Art** Brauner Klammeraffe | **Verbreitung** Nordostkolumbien und Westvenezuela | **Nachlese** Die gemeinnützige Organisation »Amazon Watch« bekämpft die Zerstörung des Amazonas-Regenwaldes, unterstützt die im Regenwald beheimateten Urvölker in ihren Rechten und setzt sich für Klimagerechtigkeit und damit auch für alle tierischen Regenwaldbewohner ein, also auch für Affen: www.amazonwatch.org.

49 Der Kreuzfluss-Eremit

Der Letzte seiner Art

Arten sterben aus. Das betrifft Tiere, Pflanzen, Mikroorganismen und alles, was irgendwann zum Leben erwacht. Es ist ein natürlicher Prozess. Genauso wie die Entstehung neuer Arten. Wo Leben ist, gibt es Evolution und das (Aus-)Sterben. Nicht-Existenz, Existenz, Nicht-Existenz – der Dreiklang des Lebens. Leben ist alles, was an Evolution durch natürliche Auslese teilnimmt. Dass unter dem Einfluss des modernen menschlichen Affen die ganze Sache beschleunigt wird, steht aber genauso außer Frage.

Der menschliche Affe rottet wie kein anderes Lebewesen andere Arten aus, ganz unabhängig von der Region, die er besiedelt. Heute ist der Begriff Massensterben in aller Munde, nicht nur in Bezug auf Insekten.

Alle Arten sind bedroht – und damit auch der Mensch selbst. Das gegenwärtige Artensterben schreitet seit gut 100 Jahren kontinuierlich voran: Während eines Menschenlebens gehen Zigtausende Arten verloren. Wird dieser Trend nicht gestoppt, steht es schlecht um die Artenvielfalt.

Der Cross-River-Gorilla auf dem Foto rechts blickt vielleicht deshalb so traurig drein, weil er kurz davor ist, die Segel zu streichen. Der seltenste aller Gorillas gilt als akut vom Aussterben bedroht. Seine Populationsgröße beträgt nur noch 250 bis 300 Individuen. Tendenz fallend. Ein unfreiwilliger Eremit.

Es gibt zwei Gorillaarten, die jeweils in zwei Unterarten kategorisiert werden. Der Cross-River-Gorilla vertritt zusammen mit dem Westlichen Flachlandgorilla die Westlichen Gorillas. Er kommt ausschließlich in der Grenzregion zwischen Nigeria und Kamerun vor. Benannt ist er nach dem dort verlaufenden Fluss Cross River (»Kreuzfluss«). Ausgewachsen hat er eine Körpergröße von etwa anderthalb Metern. Sein Gesicht ist behaart, Hände und Füße sind nackt. Er besitzt auffällig kleine Ohren und eine große, platte Nase. Modisches Highlight: goldbraune Haare auf dem Kopf.

Gattung Gorillas | Art Cross-River-Gorilla | Verbreitung Grenzgebiet zwischen Nigeria und Kamerun | Nachlese Der Spielfilm »Gorillas im Nebel« mit Sigourney Weaver hat der Forscherin und Tierschützerin Dian Fossey 1988 ein Denkmal gesetzt. Der »Dian Fossey Gorilla Fund International« ist die größte und älteste Organisation, die sich ausschließlich der Erhaltung der Gorillas verschrieben hat: www.gorillafund.org.

50 Die Kriegsbemalung

Einer, der keinen Spaß versteht

Der Mandrill ist nicht nur ein »poppiger Beau« (siehe Kapitel 71), sondern auch ein furchtloser und furchteinflößender Kerl. Das ausgewachsene Männchen mit »Kriegsbemalung« im Gesicht und einer ähnlichen Farbpalette am Hintern ist eine Art »Superaffe«, mit dem sich in der Regel kein anderer Affe anlegt, weder ein menschlicher noch ein nicht menschlicher. Und wer es doch tut, der zieht meist den Kürzeren.

Als »Oberpascha« einer Großfamilie sorgt ein Mandrillmännchen nicht nur dafür, dass kein unerwünschter Eindringling seinen Damen an die Wäsche geht, sondern er beschützt all seine »Untergebenen« vor Freund und Feind. Er kennt kein Pardon und fletscht seine Zähne – nicht nur zur Show.

Er gilt als einer der gefährlichsten Affen. Ein charismatischer Kraftprotz mit Signalfarben, die auf jeden noch so tollkühnen, lebensmüden Herausforderer ihre Wirkung haben. Vorne wie hinten sind sie zusammen mit seinem kraftvollen Erscheinungsbild und seinem unnachahmlichen Brummen ein Garant für den Erfolg auf ganzer Linie. Der einzige »Feind«, der ihm überlegen ist, ist der Mensch. Aber nur, weil er entsprechende Hilfsmittel hat. Selbst Leoparden, die als natürliche Feinde der Mandrills gelten, verzichten meist auf einen Kampf um Leben und Tod mit einem ausgewachsenen Individuum.

Die Eckzähne eines bulligen Mandrill-Oberhauptes mit überproportional großem Kopf können sich, was ihre Größe betrifft, mit denen eines Löwen messen. Gute sechs Zentimeter sind Usus. Und scharf sind sie auch. Wer einem genüsslich gähnenden Männchen frontal ins Gesicht blickt, wird vor Ehrfurcht erstarren und so lange in dieser Position verharren, bis die nächste Heißzeit anbricht.

Übrigens: Je intensiver die »Kriegsbemalung«, desto gewaltiger die Kampfkraft. Rot, Blau, Purpur, Gelb, Orange und viele Nuancen, die Farbmixtur eines Mandrills entspricht der Palette eines Künstlers.

51 Der Langfinger

Schnell, schneller, Husarenaffe

Das »Klauen« von Babys wird eigentlich nur der Spezies Mensch zugeschrieben. Ein babyklauendes Känguru oder Huhn ist unvorstellbar. Nur der Mensch kann die Bösartigkeit aufbringen, ein Kind zu stehlen, es der leiblichen Mutter zu entreißen. Aber eben nur eigentlich. Weibliche Husarenaffen »entführen« Babys. Kinderraub unter Affen? Nicht Usus, kommt aber hin und wieder auch in den besten Husarenaffenfamilien vor.

In den meisten Fällen handelt es sich bei der Täterin um ein junges und unbedingt kinderloses Husarenweibchen. Über ihr Motiv lässt sich nur mutmaßen: Eine Art Baby-Eifersucht ist vorstellbar, aber auch lediglich das Neugierigsein auf das Leben mit einem Baby. Die Kinderdiebinnen tun den Jungtieren jedenfalls nichts an. Im Gegenteil, sie kümmern sich liebevoll um das geklaute Baby, als seien sie selbst die Mütter. In den allermeisten Fällen dauert die »Entführung« nur wenige Stunden. Die Diebinnen bringen das Baby den Müttern unversehrt und aus freien Stücken wieder zurück. Konsequenzen für die Täterinnen gibt es nicht, weder Ärger noch Schläge noch Verbannung. Vielleicht ist das Ganze also auch einfach nur ein Lernspiel oder eine Art unverlangtes Babysitting?

Was man von Husarenaffen sicher sagen kann: Sie sind die schnellsten Affen des Planeten. Spitzengeschwindigkeiten von über 50 Stundenkilometern sind möglich. Das nennt man dann wohl »einen Affenzahn draufhaben«. Der schnellste Mensch aller Zeiten ist bekanntlich Usain Bolt. Er zischte mit einer Maximalgeschwindigkeit von 44,72 Stundenkilometern zu seinem Weltrekord von 9,58 Sekunden über die 100 Meter lange Tartanbahn. Allerdings mit leichtem Rückenwind (0,9 Sekundenmeter). Dafür aber nur mit zwei Extremitäten.

Das schnellste Tier der Welt ist der Husarenaffe natürlich trotzdem nicht. Platz eins dürfte mit bis zu 120 Stundenkilometern an den Geparden gehen.

52_Das launige Lausen

Mehr als nur eine Beschäftigungstherapie

Launig oder lausig? Das ist hier die Frage. Vielleicht gilt aber auch beides. Affen lausen. Das ist hinlänglich bekannt. Jeder hat schon mal Affen beim Lausen beobachtet. Mitunter kann das rührend bis albern aussehen. In jedem Fall gehört es zum Affenleben wie die Tomate zum Stiel oder der Stiel zum Eis. Aber was genau hat es damit auf sich? Beschäftigungstherapie, Körper- und Fellpflege, Intensivierung sozialer Bindungen, Suchen von körperlicher Nähe, Stressbewältigung, Massageeinlage, sexuelles Vorspiel oder opportune Nahrungsaufnahme? Die Antworten können sehr unterschiedlich ausfallen, und womöglich ist es eine Mischung aus allen, aber was ist wirklich dran am Affenlausen?

Schon mal was von »Putzgesprächen« gehört? Das sind Dialoge, die der Sozialpflege dienen. Dialoge, die belanglose Gesprächsthemen zum Gegenstand haben oder vorwiegend aus Floskeln bestehen. Auch Begrüßungsrituale fallen in diese Kategorie. »Hallo, wie geht's?« – »Gut, und dir?« – »Passt schon.« – »Und sonst so?« – »Läuft.« – »Lässig.« – »Total!« – »Na dann.« – »Na dann.« – »Bleib sauber!« Im Englischen nennt man das »Grooming Talk«, also »Fellpflege-Geplauder«.

Und schon kommen wir dem wahren Grund des Lausens etwas näher. Es dient vordergründig der psychischen Pflege, will heißen: Es baut Spannungen ab und verhindert Konflikte. Wer wen wie lange laust und dem Gelausten stets einen schwärmerisch-berauschten Ausdruck aufs Gesicht zaubert, hat Einfluss auf das soziale Gefüge der Affensippe. Das Lausen ist eine der wichtigsten Verhaltensweisen bei Affen. Gelaust wird immer, egal, ob der Gelauste Läuse und anderes Ungeziefer hat oder nicht.

So führen Affen also Small Talk. Das Lausen ist ein Komfort- und Sozialverhalten. Es erhält die Sozialstrukturen aufrecht. Wenn Sie Small Talk hassen, probieren Sie es doch mal mit Über-die-Haare-Streichen oder Ohrläppchen-Beknabbern.

53 Die leckere Stinkbombe

Von Waldbewohnern, Zeitmessern und Backenwülsten

Wem gehört der Wald? Den Orang-Utans! Der Name Orang-Utan bedeutet in der Sprache Malaysias »Person des Waldes«. Mit Orang-Utans teilen wir jede Menge Erbgut. Die Rede ist von etwa 97 Prozent. Was nicht verwundert, schließlich ist die Ähnlichkeit zwischen Mensch und Orang-Utan nicht von der Hand zu weisen. Man muss nur lange genug in den Spiegel blicken, dann entdeckt jeder von uns den Orang-Utan in sich.

Ein Blick auf die Weltbevölkerungsuhr der Menschen bringt eine sekündlich sich vergrößernde Zahl von derzeit knapp acht Milliarden zum Vorschein. Hingegen verrät ein Blick auf die Bevölkerungsuhr der Borneo-Orang-Utans, dass die Populationsgröße je nach Schätzung zwischen einem niedrigen fünfstelligen Wert und 50.000 schwankt. Tendenz fallend.

Die Borneo-Orang-Utans sind vom Aussterben bedroht. Längst sind sie Dauergast auf der Roten Liste. Allein in den vergangenen 50 Jahren haben sie weit über 100.000 Quadratkilometer ihres Lebensraums verloren. Heute hat sich ihr Habitat auf Borneo reduziert, wo sie endemisch sind. Noch vor knapp 20.000 Jahren bewohnten sie weite Teile Südostasiens, ihre damalige Populationsgröße wird auf mehrere hunderttausend geschätzt. Vom Himalaya und Südchina im Norden bis nach Java im Süden – sie waren überall und zahlreich anzutreffen.

Wie seine zwei Schwesterarten, der Sumatra-Orang-Utan und der Tapanuli-Orang-Utan, weist der Borneo-Orang-Utan einen Körperbau auf, der an eine baumbewohnende Lebensweise angepasst ist. Allerdings ist er stämmiger und bringt mehr Gewicht auf die Waage. Außerdem entwickeln die älteren Männchen auffälligere Backenwülste, die nach außen wachsen und unbehaart sind. Was wiederum alle gemeinsam haben: Sie sind reine Pflanzenfresser. Des Borneo-Orang-Utans liebste Mahlzeit ist die Zibetfrucht oder Stinkfrucht, auch bekannt als Durian, die Königin der Früchte. Eine wahre »Stinkbombe«, aber deliziös im Geschmack.

Gattung Orang-Utans | Art Borneo-Orang-Utan | Verbreitung Insel Borneo | Nachlese
Der Verein Borneo Orangutan Survival e. V. ist eine gemeinnützige Natur- und Artenschutzorganisation, die sich der Aufgabe verschrieben hat, Orang-Utans und ihren Lebensraum zu schützen: www.orangutan.de.

54 Das Leichtgewicht

Altweltaffenzwerg und Entwicklungssprinter

Meerkatzen sind weder Meeresfische noch Landkatzen, sondern Affen. Und zwar die kleinsten bekannten Altweltaffen in Afrika-Eurasien. Sie sind zwischen 32 und 45 Zentimeter groß (Kopf-Rumpf-Länge), kommen auf ein Gewicht von 0,8 bis 1,3 Kilogramm, und ihr Schwanz ist 36 bis 53 Zentimeter lang. Die kleinsten Vertreter der »Eigentlichen Affen« sind sie damit aber nicht. Diesen Rang beansprucht unangefochten das Zwergseidenäffchen für sich, ein wahres Miniaturäffchen (siehe Kapitel 85).

Nicht nur für die Schimpansen ist der Fluss Kongo eine natürliche Grenze, die zwei Arten einer Gattung zu nie gesehenen Fremden macht. Auch bei den beiden Arten der Zwergmeerkatze ist das der Fall. Eine Nördliche Zwergmeerkatze hat noch nie eine Südliche Zwergmeerkatze gesehen. Andersherum genauso. Ein Überqueren des Flusses ist ausgeschlossen, obwohl sie, ähnlich wie ihre Artverwandten, die urtümlichen Sumpfmeerkatzen, gute Schwimmer sind und auch Nahrung im Wasser suchen. Ihr Lebensraum ist stets in Wassernähe, sogar zur Schlafenszeit suchen sie sich Bäume am Wasser. Aber auf die Idee, mal rüberzuschwimmen und der Schwesterart einen guten Morgen zu wünschen, ist noch keine Meerkatze gekommen. Der Fluss ist einfach zu gefährlich. Ein weiteres Merkmal, das sie mit den Sumpfmeerkatzen gemein haben: Die Weibchen zeigen während ihrer Fruchtbarkeit Sexualschwellungen in der Genital- und Gesäßregion.

Zwergmeerkatzen leben in großen Gruppen von bis zu 100 Individuen. Sie gehen meist friedlich miteinander um und zeigen keinerlei Territorialverhalten. Ihre Nachkommen werden mit gut einem Viertel des Gewichtes der Mutter geboren und sind auch außerhalb des Mutterbauches wahre »Schnellentwickler«. Bereits nach sechs Wochen nehmen sie feste Nahrung zu sich, mit gut drei Monaten sind sie vollkommen unabhängig. Was aber keine Zwergmeerkatze entwickelt, ist ein komplexes Lautrepertoire.

Gattung Meerkatzenartige | Art Zwergmeerkatze | Verbreitung Zentralafrika | Nachlese
Die Vision des Deutschen Tierschutzbundes: Jedes Geschöpf hat Anspruch auf Unversehrtheit und ein artgerechtes Leben: www.tierschutzbund.de.

55 Das leuchtende Gemächt

Blau und Rot, das ist der Meerkatze Code

Die Grünen Meerkatzen sind eine Gattung aus der Familie der Meerkatzenverwandten, somit zählen sie zu den Altweltaffen. Das Wort »Grün« in ihrem Namen kommt nicht von ungefähr, denn diese Affen sind grün, besser gesagt: Ihr Fell wird als olivgrün oder grünbraun beschrieben. Was aber eigentlich Quatsch ist. Das höchste der Gefühle ist eine graugrüne Färbung der Oberseite bei ein, zwei Arten. Das Fell nahezu aller Grünen Meerkatzen ist in erster Linie bräunlich, man müsste sie also genau genommen in »Braune Meerkatzen« umbenennen. Außerdem: Es gibt keine grünen Säugetiere. Bei Vögeln, Reptilien und Insekten kommt die Farbe Grün vermehrt zum Einsatz, aber bei Säugern gibt es sie schlichtweg nicht. Oder haben Sie schon einmal einen grünen Elefanten im Raum (oder Porzellanladen) gesehen?

Die Farben Blau und Rot sind im Affenreich hingegen weit verbreitet (siehe Kapitel 93). Die Männchen der Grünen Meerkatzen schmücken sich mit diesen Farben an einer äußerst delikaten Stelle: dem »Gemächt«. Das Skrotum, also der Hodensack, leuchtet neonblau, der Penis knallrot. Eine einzigartige Kombination im Affenreich und wohl auch im ganzen Tierreich. Die Färbung entwickelt sich mit der Geschlechtsreife und zeigt den Damen auf eindrückliche Weise, dass man bereit ist, dem Fortpflanzungstrieb zu frönen und seine auffällig farbigen Genitalien funktional in Erscheinung treten zu lassen. »Zum Schuss« kommen die »Neon-Romeos« aber erst ab dem fünften Lebensjahr. Sie sind zwar schon mit zwei, drei Jahren geschlechtsreif, aber die Rangordnung in der Gruppe verhindert den Liebesrausch zu einem früheren Zeitpunkt. Kommt Zeit, kommt Rat, kommt Paarung.

Grüne Meerkatzen sind übrigens semiterrestrisch, paaren sich ausschließlich tagsüber und tun dies stets auf dem Boden. Die Tragzeit beträgt knapp sechs Monate, und es kommt je ein einzelnes Jungtier zur Welt.

Gattung Meerkatzenartige | Art Südliche Grünmeerkatze | Verbreitung Ost- und Südafrika | Nachlese Die junge deutsche Primatologin und Tierschützerin Michi Schreiber hat sich den Primaten und ganz besonders den Affen verschrieben und ihre eigene Tierschutzorganisation gegründet: www.affisadventures.de.

56 Der Lisztaffe

»Baumwollknäuel« als Haarpracht

Mit dem gigantischen Œuvre des österreichisch-ungarischen Musikgenies kann dieser Affe nicht mithalten, aber mit dessen Frisur allemal. Mitunter toppt er sie sogar. Und genau das verhalf ihm zu seinem prominenten Namen: Lisztaffe – nach dem Komponisten Franz Liszt.

Der endemische Affe mit Franz-Liszt-Gedächtnisfrisur ist in Kolumbien beheimatet. Und zwar ausschließlich im Nordwesten an der Karibikküste. Seine Populationsgröße betrug einmal zwischen 50.000 und 100.000 Individuen. Heute ist er selten und vom Aussterben bedroht. Schätzungen zufolge gibt es aktuell noch ein paar tausend wild lebende Exemplare, wovon etwa ein Drittel auf ausgewachsene Tiere fällt. Entsprechend wird der Lisztaffe bereits seit einigen Jahren auf der Roten Liste bedrohter Arten geführt.

Einem breiten Publikum wurde der Affe erstmalig in den 1960er und 1970er Jahren bekannt. Zehntausende wurden gefangen und in die USA exportiert. Sie landeten aber weder auf Speisetellern noch in Haustierkäfigen, sondern in medizinischen Einrichtungen. Genau genommen wurden sie als Laboraffen in der Krebsforschung benutzt/missbraucht. Eine Praktik, die mittlerweile verboten ist, so wie auch der Handel zu egal welchem Zweck. Doch wo es Illegalität gibt, ist der Schwarzmarkt nicht weit. Dieser sorgt für Nachschub an »knuffigen« Lisztäffchen, die dann wider ihre Natur als Haustiere gehalten werden.

Der tagaktive Affe mit dem »Baumwollknäuel« auf dem Kopf ist ein flinker Baumkletterer mit einem bis zu über 40 Zentimeter langen Schwanz, der als Balancierhilfe dient, sowohl beim Klettern als auch beim »Fliegen«. Mit Letzterem sind seine bis zu drei Meter weiten Sprünge gemeint. Das sind zwar nicht ganz die bis zu zehn Meter eines Gibbons, aber für ein derart winziges Leichtgewicht – Listzaffen wiegen nicht mehr als 500 Gramm und kommen auf eine Kopf-Rumpf-Länge von 21 bis 26 Zentimetern – ist das eine beachtliche Weite.

Gattung Krallenaffen | Art Lisztaffe | Verbreitung Nordwesten Kolumbiens an der Karibikküste | Nachlese Ein langfristiges Schutzprojekt versucht, die Affen und ihren Lebensraum im Tropenwald Kolumbiens zu retten: www.proyectotiti.com.

57 Die Manneskraft

Gut geschmückt oder gut bestückt?

Warum auswählen, wenn man auch beides haben kann? Eine Taktik, gegen die nichts einzuwenden ist, die aber in diesem Fall nicht funktioniert. Bei nicht menschlichen Affen gibt es eine Korrelation zwischen Männlichkeitsmerkmalen und Hodengröße. Erstere sind zum Beispiel ausladende Backenwülste, stark gerötete Hautstellen, opulente Mähnen, kreative Bärte oder farbenprächtige Schnauzen. Sind diese Merkmale stark ausgeprägt, sind die Testikel in der Regel genau das Gegenteil, sprich klein. Wer sich also mit Äußerlichkeiten aufpäppelt, bezahlt den schicken Schmuck mit Miniaturgenitalien. Beides zusammen geht nicht. Entweder das eine oder das andere oder, wie bei den meisten Affen, ein (fauler) Kompromiss.

Kleinere Hoden bedeuten auch eine geringere Spermienproduktion. »Zum Schuss« kommen die »Schmuckkönige« trotzdem, denn letztlich haben auffällige Sexualmerkmale nicht nur die Funktion, die Weibchen zu beeindrucken, sondern sie sollen auch die Rivalen einschüchtern. Außerdem lassen sich die Weibchen in der Regel von den prächtigen Äußerlichkeiten verführen und blenden. Je farbenfroher zum Beispiel die Schnauze, desto attraktiver das Männchen.

Aufwendiger Schmuck kostet viel Energie, was auf Kosten der Hodengröße und der Spermienproduktion geht. Weibchen honorieren also in gewisser Weise den Energiekompromiss und schmücken sich gern mit fremden Federn, das heißt mit prachtvollen männlichen Exemplaren. Das Mandrill-Männchen gilt als »Parade-Schmuck-Adonis«. Das Farbenspiel im Gesicht eines Mandrills ist von einer Grazie, die locker mit der der Insektenwelt mithalten kann. Ein »bunter Vogel« mit elegantem Schmuck, dem die Weibchen reihenweise zu Füßen liegen. Dass seine Fortpflanzungsorgane im Verhältnis dazu geradezu trist und flau wirken, ist mitunter kurios, aber für die verwöhnten »Casanovas« nichts weiter als eine mickrige Randnotiz.

58 Das Matriarchat

Chefinnen unter sich

Bei Bonobos haben Frauen das Sagen. Und zwar nie nur eine einzelne, sondern immer gleich mehrere. Weder eine Königin noch eine diktatorische Herrscherin ist an der Spitze der Gruppe. Es sind stets die ranghöchsten Bonoboweibchen, die die Affengruppe anführen. Ihr Führungsstil ist geprägt vom Eingehen sozialer Bindungen, von Kooperationen und Geschlechtsverkehr, auch gleichgeschlechtlichem (siehe Kapitel 69).

Gemeinsam statt gegeneinander, ineinander und miteinander statt auseinander, das ist das Motto der Bonobo-Chefinnen. Innerhalb der Gruppen bauen sie sowohl verwandtschaftliche als auch nicht verwandtschaftliche Freundschaften auf. Gegenüber dominanten Männern treten sie resolut auf und weisen sie regelmäßig in die Schranken. Wenn es die Situation verlangt, schließen sie sich dafür sogar zusammen. Frauenpower!

Auch beim Futter stehen die Frauen an der Front. Ist eine attraktive Futterstelle von einem Bonobomännchen in Beschlag genommen worden, macht er recht schnell die Fliege, wenn sich Weibchen nähern. Die Strategie »Wer zuerst kommt, mahlt zuerst« wird von den Chefinnen nicht geduldet. Bei der Nahrung gibt es keine Kompromisse: Frauen und Nachwuchs an erster Stelle. Und wenn es um besonders begehrtes Futter geht, dann schauen die Männchen komplett in die Röhre, denn das ist für die Weibchen reserviert.

Die Sache mit den Chefinnen geht sogar so weit, dass Söhne ihr ganzes Affenleben in der Nähe ihrer Mutter bleiben, um sich im Zweifel von ihr vor Weibchen, aber auch vor anderen Männchen beschützen zu lassen. Ist das Bonobomännchen also ein Muttersöhnchen? So ist es (siehe Kapitel 62)! Bei den Töchtern verhält es sich ganz anders. Sie verlassen im Alter von sechs bis 13 Jahren die mütterliche Obhut. Ihr Ziel ist es, sich einer anderen Gruppe anzuschließen und frisches Blut einzubringen. Und natürlich, in die Rolle einer Chefin hineinzuwachsen.

Gattung Schimpansen | Art Bonobo | Verbreitung mittlere und südliche Landesteile der Demokratischen Republik Kongo | Nachlese Affenstarkes Bonobo-Abenteuer: der Dokumentarfilm »Benny – Allein im Wald«.

59_Das Mitgefühl

Ohne Mitgefühl kein Affenleben

Wir Menschen sind fühlende, humor- und hormonvolle Lebewesen und sprechen das gern anderen Tieren ab. Aber dem ist nicht so: Auch andere Tiere sind »Fühler«, sprich empfindsame Wesen. Tiere sind keine Dinge. Sie flüchten, stellen sich tot, greifen an, warnen sich, suchen einander, trauern, freuen sich, erinnern sich und vieles mehr. Wir sind bei Weitem nicht die einzigen Affen, die Emotionen erleben und ausdrücken.

Gefühle gehören bei jedem Menschenaffen zur Grundausstattung. Ebenso sind alle Menschenaffen in der Lage, neue Gefühle zu erlernen oder vorhandene zu vertiefen. Beobachtet man Menschenaffen, sind Analogien zu menschlichen Verhaltensweisen bezüglich der Wahrnehmung verschiedener Körperzustände und auch seelischer Regungen nicht von der Hand zu weisen.

Auch das dem Menschen exklusiv zugeschriebene Mitgefühl ist Teil des Repertoires der nicht menschlichen Menschenaffen. Sie zeigen sogar eine Neigung zum Mitgefühl und Mitleiden. Zwei Verhaltensweisen, die als Vorformen von Moralität gedeutet werden können und einen enormen Wert in sozialen Gesellschaften haben, die auf wechselseitigen Altruismus bauen. Mit anderen zu empfinden stärkt das soziale Miteinander und die eigene seelische Gesundheit.

Schimpansen trauern. Sie zeigen Mitgefühl. Sie umsorgen einen Kranken oder kümmern sich um einen sterbenden älteren Artgenossen. Nach dem Tod halten sie Wache und spenden sich gegenseitig Trost (siehe Kapitel 77). Auch beim »Mitgähnen« sind Schimpansen geübte »Nachäffer«. Und das hat nichts mit Müdigkeit zu tun, vielmehr mit Mitgefühl. Bei uns Menschen ist das nicht anders. Ein weiteres Beispiel im Rahmen eines Experimentes: Wenn ein Affe für das Betätigen eines Griffes Futter erhält, aber ein anderer dabei einen Stromschlag bekommt, verzichtet Ersterer tagelang darauf, den Griff zu betätigen, und hungert lieber, statt dem anderen eins »auszuwischen«.

Gattung Schimpanse | **Art** Gemeiner Schimpanse | **Verbreitung** Zentralafrika | **Nachlese** Die Vision von einer Welt, in der alle Tiere Respekt und Schutz erfahren: www.animalequality.de.

60 Mit Hand und Fuß

Greiffuß versus Standfuß

Bis auf den Menschen haben alle Menschenaffen einen Greiffuß, also ein analog zur Greifhand ausgebildetes Autopodium der Hinterextremität mit opponierbarer Großzehe. Beim Menschen hat sich der Greiffuß in einen Standfuß umgewandelt. Dieser kann nicht greifen – oder nur in sehr abgeschwächter Form –, dafür aber das gesamte Körpergewicht tragen. Außerdem besitzt der Mensch als einziger Vertreter der Menschenaffen ein Fußgewölbe. Es besteht aus Fußwurzel- und Mittelfußknochen, sorgt für eine optimale Gewichtsverteilung auf der Gehfläche und macht ihn zum Sohlengänger. Ein weiteres Alleinstellungsmerkmal sind wesentlich längere Beine als Arme. Apropos obere Extremitäten: Nur der menschliche Affe kann seinen Arm um seine Längsachse drehen. Von allen Körperteilen haben die Arme die größtmögliche Bewegungsfreiheit. Nicht menschlichen Affen fehlt für eine Längsachsenrotation das entsprechend bewegliche Schultergelenk.

Was nahezu alle Affen gemeinsam haben, sind Nägel auf den Fingern und Zehen. Eine Ausnahme bilden die Krallenaffen. Sie haben sowohl an den Händen als auch an den Füßen Krallen, wobei die Großzehe ebenfalls mit einem Nagel ausgestattet ist. Die Menschenhand und die Affenhand sind auf den ersten Blick ähnlich, aber im Knochenaufbau sehr unterschiedlich. Unsere Hände sind Präzisionswerkzeuge, und je nach Belastung wird der Knochen im Laufe der Zeit anders umgebaut. Dabei passen sich die Trabekel, feine Strukturen im schwammartig aufgebauten Innenbereich des Knochens, den täglich auftretenden Belastungen an. Und davon haben wir signifikant mehr als jeder andere Affe.

Unsere Hand beansprucht etwa ein Viertel des motorischen Kortex. Kein anderes Lebewesen benötigt so viel »Hirnleistung« für so einen kleinen Körperteil. Abschließend stellt sich nur noch eine Frage: Sind Affen Links- oder Rechtshänder? Oder gibt es gar keine »Affen-Händigkeit« (siehe Kapitel 30)?

61_Die Muckis

Körperkraft versus Gehirnvermögen

Von allen Menschenaffen ist der Mensch die körperlich schwächste Art. Auch aktive Profisportler können nicht mit Schimpansen, Orang-Utans und Gorillas mithalten, sie sind nicht einmal halb so stark. Wir Menschen sind von Natur aus »schwächliche« Kreaturen. Und was ist schuld daran? Das Gehirn! Statt »Körpermuckis« hat der Mensch »Gehirnmuckis« entwickelt. Er tauschte Muskelkraft gegen Hirnleistung. Hohe Ansprüche an unseren Stoffwechsel aufgrund massiver kognitiver Fähigkeiten haben ihren Preis: schwache Muskeln. Die anderen Menschenaffenarten haben es in den Armen und Beinen, wir im Gehirn. Entweder das eine oder das andere, beides zusammen geht nicht oder eben nur mit Abstrichen auf der einen oder anderen Seite.

Vor vielen Millionen Jahren lief die Entwicklung beim Menschen in Richtung Gehirn, bei den anderen drei Menschenaffenarten blieb der Fokus weiterhin auf der Muskelstärke. Salopp gesagt tauschten über die Jahrmillionen das Gehirn und die Muskeln ihren Energiebedarf. Menschliche Muckis bildeten sich im Vergleich zu anderen Körperveränderungen viel schneller zurück. Wirft man einen Blick auf die Skelettmuskulatur unserer frühen Vorfahren, sind die Unterschiede zu den anderen Menschenaffen marginal. Aber heute ist der Unterschied relativ groß. Während bei ihnen die Muskelkraft stetig stieg, nahm sie bei uns ab, wofür sich allerdings unser Gehirn bis zu viermal schneller entwickelte als der Rest des Körpers, es hatte also einen »Affenzahn« drauf.

Was aber auch zur Wahrheit gehört: Der Muskelaufbau des Menschen ist energieeffizienter als der anderer Menschenaffen und sorgt dafür, dass die Muskeln bei wiederholter Beanspruchung nicht so leicht ermüden. Außerdem »schummeln« Schimpansen und Co. mit einer Aminosäurekette der besonderen Art (siehe Kapitel 91).

Summa summarum: entweder dicke Muskeln und wenig Hirn oder schwache Muskeln und viel Hirn.

62 Das Muttersöhnchen

Ein Leben lang bei Mami

Bonobos sind die größten Muttersöhnchen aller Zeiten. Vom Zeitpunkt der Geburt bis zu ihrem Tod weicht ein männliches Bonobojunges seiner Mutter nicht von der Seite, ein Leben lang bleiben sie in der Gruppe, in die sie hineingeboren wurden, und pflegen eine innige Beziehung zur Mutter. Besonders für schwache Männchen, also nicht dominante Tiere, entpuppt sich das als großer Vorteil. Mama Bonobo hält nämlich im Zweifel immer eine schützende Hand über ihren Sohn, vor allem, wenn er im Vergleich zu den ranghohen Prachtexemplaren eher schmächtig und zurückhaltend ist.

Die Mutter sorgt außerdem dafür, dass auch zartbesaitete Bonobomännchen ihre Gene weiterreichen dürfen. In Bonobosippen haben Mütter das Sagen, und das gilt auch, wenn nicht dominante Männchen sexuell »ausgeschlossen« werden. Männchen mit hohem Rang haben bei der Partnerwahl leichtes Spiel, bei Rangniederen hilft in Liebesangelegenheiten die Mutti aus. Kurios bei der ganzen Nummer: Es sind die Mütter selbst, die die Hackordnung ihrer Sprösslinge bestimmen.

Und wenn mal ein Muttersöhnchen in Schwierigkeiten gerät? Auch dann eilt Mami herbei und hilft ihm aus der Patsche. Der Status, den erwachsene Weibchen genießen, ist hoch, schließlich führen sie die Sippe an, und das erlaubt ihnen, auch gegen die körperlich stärkeren Männchen zu bestehen. Wenn ein Macho meint, größere Brötchen backen zu wollen, wird er zurechtgewiesen und darf sich seine phantasierten Ansprüche auf mehr Macht und eine höhere Rangposition wieder in die Tasche stecken.

Ganz uneigennützig ist die Sache mit den »Muttersöhnchen« und der Partnerselektion der Mütter jedoch nicht: Bonoboweibchen wollen so oft wie möglich Omi werden. Wenn der eigene Nachwuchs bei der Paarung erfolgreich ist, bedeutet das für Mama einen Prestigevorteil innerhalb der Sippe. Entsprechend setzen sie auch die schwächeren Söhne auf die Paarungsliste.

63 Der Nachtschwärmer

Im Dunkeln unterwegs, aber bitte mit Mondlicht

Sonne oder Mond? Für uns Menschen eine einfache Entscheidung. Ein schöner Vollmond kann zwar auch entzücken, aber gegen den riesigen Kernreaktor am Firmament kann der Mann im Mond einpacken. Wir sind Lichtwesen. Innerhalb unseres 24-Stunden-Biorhythmus sind wir auf eine Aktivitätsperiode während des Tages spezialisiert. Zwar haben wir mit dem Feuer, dem künstlichen Licht und anderen Erfindungen dafür gesorgt, dass wir zu jeder Tag- und Nachtzeit aktiv sein können, aber wir sind nicht mit guten »Nachtsinnen« ausgestattet.

Und so ergeht es auch den restlichen Affen. Sie sind, wie wir Menschen, diurnal eingestellt, also tagaktive Tiere. Doch wie bei uns gibt es auch bei den Affen stets eine Extrawurst – in diesem Fall die Nachtaffen. Sie sind lieber nachts unterwegs und bevorzugen Mond- statt Sonnenlicht. Ihr circadianer Rhythmus ist nachtaktiv. Wobei das alles nur die halbe Wahrheit ist.

Nachtaffen sind zwar tagsüber kaum unterwegs und ruhen in Baumhöhlen und im Pflanzendickicht, aber sie sind für die Nacht eigentlich nicht ausreichend mit spezialisierten Sinnen ausgestattet. Ein wichtiges Merkmal nachtaktiver Tiere ist der »leuchtende Teppich« in den Augen, den die Affen jedoch nicht besitzen. Das sogenannte Tapetum ist eine reflektierende Schicht, und ohne diese sieht man in der Nacht schlecht. Entsprechend sind Nachtaffen auf das Mondlicht angewiesen, um sich in der Dunkelheit fortbewegen zu können. In Neumondnächten geht ihre Aktivität deshalb stark zurück, und in überdurchschnittlich dunklen Nächten folgen sie selbst gelegten Duftrouten. Die Nachtaktivität dürfte also kein ursprüngliches Merkmal des Nachtaffen sein, sondern vielmehr ein sekundär erworbenes.

Ein »Fake-Nachtschwärmer«? Nicht ganz. Er ist stets kurz nach dem Sonnenuntergang bis Mitternacht aktiv. Vielleicht wäre »Halbnachtaffe« oder »Dämmerungsaffe« der treffendere Name.

64 Der Nasenabdruck

Von Nasen, Großzehen und Eierköpfen

Schon vom »Nasenabdruckscanner« gehört? Wohl kaum, schließlich müsste er noch erfunden werden. In der Gorilla-Welt wäre er das Pendant zum Fingerabdruckscanner. Gorillas haben nicht nur wie wir Menschen einen individuellen Fingerabdruck, sondern zusätzlich noch einen einzigartigen Nasenabdruck. Hätten Gorillas moderne Smartphones, würden sie vermutlich ihre Nasen aufs Display drücken und nicht ihre Daumen, um es zu entsperren. Gorilla-Individuen werden durch ihren Nasenabdruck identifiziert. In der Praxis wird die Nase jedoch nicht irgendwo dagegengedrückt. Es sind die Form und die Anordnung der Falten, die die Identität verraten. Die faltenreichste Nase unter den Gorillas hat der Berggorilla.

Auch sonst ist er ein ziemlich spezieller Typ. Seine Großzehe ist im Gegensatz zu denen der anderen drei Gorillaarten weniger abgespreizt. Außerdem ist sie mittels Bindegewebe mit den übrigen Zehen verbunden, was an den Menschenfuß erinnert. Der Preis für den menschenähnlichsten Fuß im Gorillareich geht also an den Berggorilla, diesen friedlichen, sanftmütigen und sozialen »Riesen«. Wesensmerkmale, die übrigens auch auf die anderen Gorillaarten zutreffen. Der Mythos, Gorillas wären von Grund auf und stets aggressiv, ist falsch, sie sind weit weniger aggressiv als ihre menschlichen Affenverwandten oder andere Affenarten wie zum Beispiel die Paviane.

Ein weiteres besonderes Merkmal der Berggorillas sind ihre langen, seidigen Haare, insbesondere an den Armen. Unter den Gorillas sind sie die einzigen, die hoch in den Bergen leben und einem kühlen Klima ausgesetzt sind. Entsprechend reagierte die Evolution mit Haaranpassungen.

Was für alle Gorillas gilt: Sie haben braune Augen und einen eiförmigen Kopf, also einen extrem ausgeprägten Hinterkopf. Der Grund dafür ist der Scheitelkamm, an dem der große, schwere Kiefer befestigt ist, der durch den auffälligen Hinterkopf ausgeglichen wird.

Gattung Gorillas | Art Berggorilla | Verbreitung im Grenzgebiet der Demokratischen Republik Kongo, Ruandas und Ugandas und im Bwindi-Nationalpark im südwestlichen Uganda | Nachlese Ziel des Vereins Berggorilla & Regenwald Direkthilfe e. V. ist die Erhaltung der Gorillas und ihres Lebensraums: www.berggorilla.org.

65 Der Nasenweltmeister

Eine Nase wie eine Skulptur

Die Nase vorn haben alle Affen, auch wir Menschen. Aber bei bestimmten Dingen, je nachdem, in welchem Bereich, da hat mal der eine, mal der andere Affe die Nase vorn. Bei der Nasengröße zum Beispiel. Da ist eine Affenart unangefochten an der Spitze: der Nasenaffe. Der Name ist natürlich Programm, und so haben Nasenaffen mit Abstand den größten und kuriosesten Zinken im Affenreich. Die Männchen wohlbemerkt, Nasenaffenweibchen bilden keine »Birnen« im Gesicht aus. Männchen haben überdies auch untenrum einiges zu bieten. Der männliche Nasenaffe ist sowohl im Gesichtsbereich als auch im Hüftbereich gut bestückt.

Im Leben kommt es immer auf den richtigen Riecher an. Bei Nasenaffen ist das nicht anders. Je größer der Riechkolben, desto weniger Konkurrenzrevolten, denn die größte Nase setzt sich durch. Nasenaffenweibchen stehen auf große »Gurken«. Wobei das »Nasenungetüm« des Männchens eher einer großen, baumelnden, schlaffen Birne gleicht. Je imposanter diese Skulptur im Gesicht, desto höher ist die Erfolgsquote bei den Weibchen. Was machen diese bei einem »Riesenriecher«? Sie offerieren ihre Genitalien. Ist das Romantik, Mathematik oder schlichtweg Chemie? Wahrscheinlich lediglich ein guter Riecher.

Nasenaffen sind auf der Insel Borneo endemisch, und warum ihre Nase so groß ist, ist nicht abschließend geklärt. Bei manchen Individuen wächst sie ein Leben lang weiter und baumelt irgendwann vor dem Mund, sodass sie beim Fressen zur Seite geschoben werden muss. Eine Theorie könnte sein, dass eine große Nase den Schall verstärkt und somit lautere Geräusche erzeugt werden können. Warum ein möglichst lautes Brüllen für sie von Vorteil sein könnte, wäre dann aber die nächste Frage, der Nasenaffenforscher nachgehen könnten. Was feststeht: Ihre Gesamterscheinung samt »Nasenskulptur« macht die Nasenaffen zu einer der faszinierendsten Affenarten.

66 Der Nicht-Bedrohte

Aber nur auf den ersten Blick

Die Menschenaffen, auch Hominiden genannt, sind eine Familie der Primaten. Sie besteht aus vier Gattungen, die insgesamt acht anerkannte Arten aufweisen. Lediglich eine von ihnen ist nicht vom Aussterben bedroht: der Mensch, die einzige rezente Art der Gattung Homo. Der Mensch ist nach der biologischen Systematik taxonomisch gesehen ein Menschenaffe und gehört damit zu den »glorreichen Acht« (siehe Kapitel 86).

Dass der Mensch seine eigene Gattung bekommen hat, gilt jedoch als umstritten. Schimpansen gehören der Gattung Pan an. Menschen und Schimpansen sind sich aber so ähnlich, dass nach Ansicht einiger Wissenschaftler beide Arten in der Bezeichnung »Pan« oder »Homo« geführt werden sollten. Die Trennung in zwei Gattungen sei willkürlich. Der Mensch in derselben Gattung wie der Schimpanse? Das ist wohl zu viel des Guten für erklärte Verfechter der »Krönung der Schöpfung«. Eine Krönung, die bald ganz allein in der Menschenaffenfamilie sein wird, wenn es mit dem Aussterben der anderen sieben Familienmitglieder so munter weitergeht wie bisher.

Für die anderen Menschenaffen steht die Uhr eine Minute vor zwölf, genau genommen ist es schon nach zwölf. Ihre Populationsgrößen sind in den vergangenen Jahrzehnten kontinuierlich geschrumpft. Schimpansen, Gorillas und Orang-Utans, alle drei Untergattungen müssen um ihr Überleben bangen. Die vierte Menschenaffenuntergattung Homo dagegen braucht keine Angst zu haben: ihr Überleben ist nicht bedroht. Oder etwa doch?

Auf den zweiten Blick ist der Mensch sehr wohl bedroht. Die schnelle und fortschreitende Beseitigung natürlicher Lebensbedingungen, die allein vom Menschen ausgeht, betrifft ihn auch selbst. Schießt sich da etwa jemand selbst ins Bein? Die aktuellen »Homo-Generationen« werden Zeuge einer beispiellosen Einmischung in die Ökologie des Planeten Erde. Ausgang offen.

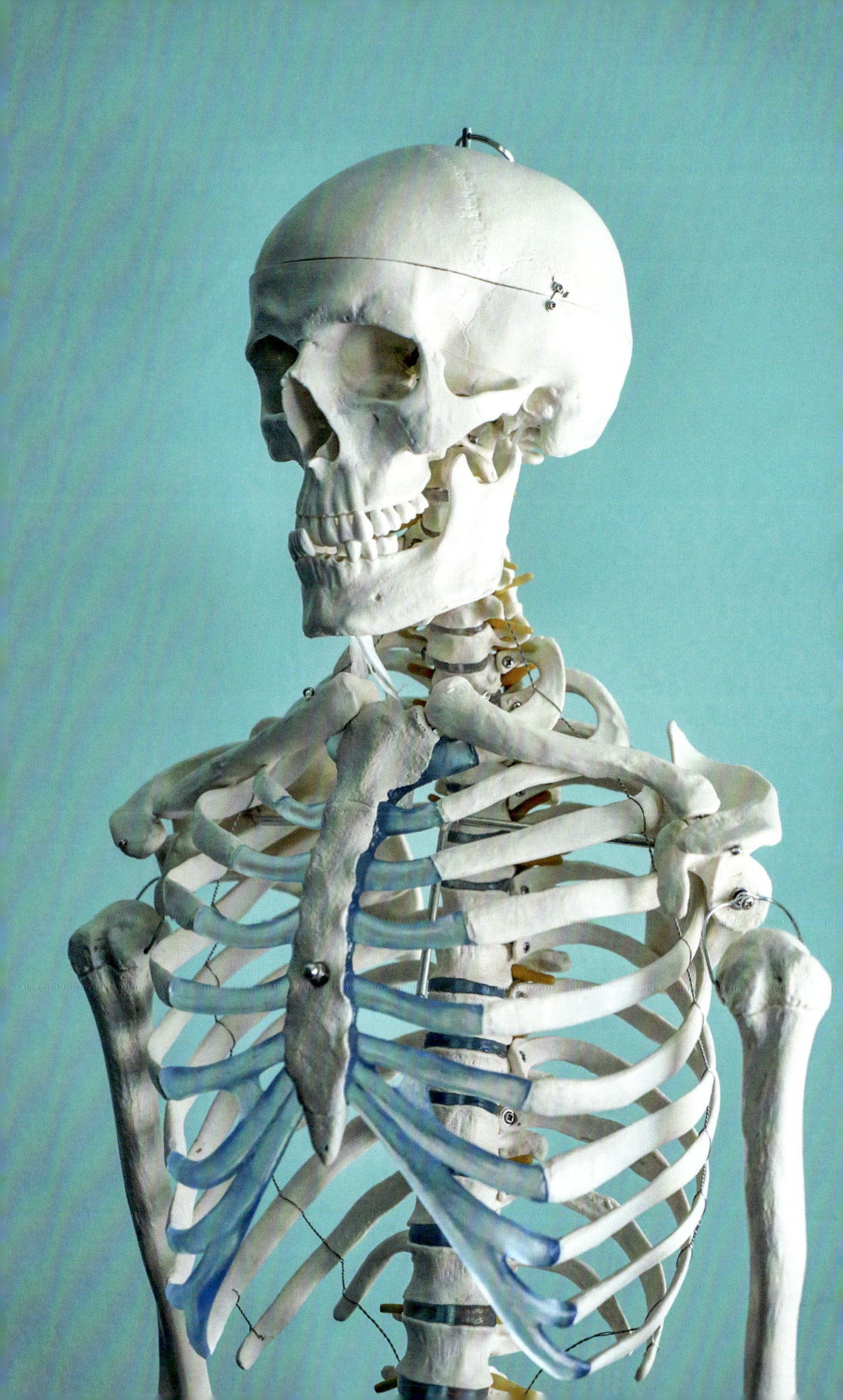

67 Die Paarungsstrategie

Lüsterne Hüften das ganze Jahr

Die glorreichen Acht (siehe Kapitel 86) haben in diesem Buch mehrere spannende Auftritte (siehe Kapitel 7, 11 und 23). Sie sind uns am ähnlichsten und erzählen viel über uns selbst. In dieser »Menschenaffen-Rundschau« darf aber natürlich eins nicht fehlen: die Fortpflanzung. Wozu in diesem Fall nicht nur die Paarung, sondern auch die Schwangerschaft und die Entwicklung von einem Neugeborenen zu einem Erwachsenen zählen.

Menschenaffen verfolgen die sogenannte K-Strategie: lange Geburtsabstände, geringe Wurfgrößen, viel Energieaufwand in der Aufzucht, langsame Individualentwicklung und hohe Lebenserwartung. Die Paarungsstrategien sind grundsätzlich variabel, besonders bei Schimpansen und Menschen. Insbesondere Bonobos und Menschen paaren sich auch ohne Fortpflanzungsfunktion, um das Sozialgefüge der Population zu schützen. Bei Orang-Utans gibt es sowohl freiwillige als auch erzwungene Kopulation. Bei Gorillas kommt in der Regel nur das dominante Männchen zum Akt der Fortpflanzung.

Bei allen Menschenaffen kann es das ganze Jahr über zur Kopulation kommen. Einziger Unterschied: Nur Menschen tun es auch, nachdem die Sonne hinter dem Horizont verschwunden ist. Alle anderen Menschenaffenarten sind nachts sexuell inaktiv. Trächtigkeit und Schwangerschaft dauern zwischen sieben und neun Monaten, bei Gorillas und Menschen am längsten. In der Regel kommt ein einzelnes Junges zur Welt. Zwillingsgeburten sind bei Schimpansen und Co. zwar möglich, aber äußerst selten.

Die Kindheit dauert sehr lange. Bei nicht menschlichen Menschenaffen mehrere Jahre. Beim Orang-Utan am längsten, etwa sieben Jahre. Die Geschlechtsreife wird im Alter von sechs bis zehn Jahren erreicht, die erste Fortpflanzung findet in der Regel nach zehn bis 15 Jahren statt. Die Fortpflanzungsrate ist sehr niedrig, bei Orang-Utans mit lediglich zwei bis drei Jungtieren am niedrigsten.

68 Der Panscher

Von Tausendfüßlern, Zitrusfrüchten und Stengeln

Nicht menschliche Affen greifen in jeglicher Hinsicht auf die Natur zurück, auch in Sachen Medizin und im Kampf gegen Insekten. Kapuzineraffen stechen als ausgeklügelte »Insektenschutz-Panscher« besonders hervor. Sie rühren sich sowohl tierisches als auch pflanzliches Insektenschutzmittel zusammen. Großer Beliebtheit erfreuen sich die giftigen Wehrsekrete von Tausendfüßlern. Diese enthalten von Benzol abgeleitete Chinone, die nicht nur heftig stinken, sondern in der Regel auch gelbbraune bis violette Flecken auf der Haut hinterlassen. Aber nicht bei Kapuzineraffen. Sie schmieren sich das Zeug munter-fröhlich ins Fell, besonders in der Regenzeit.

Das natürliche Insektenschutzmittel erlangen sie, indem sie Tausendfüßler schlagen oder erdrücken. Dafür gehen sie im Wald regelrecht auf Tausendfüßlerjagd. Von Baum zu Baum wird nachgesehen, ob sich ein Tausendfüßler in der Rinde versteckt. Auch Termitenhügel werden minutiös nach ihnen abgesucht. Wird ein Exemplar entdeckt, nimmt der Affe es sofort in Beschlag und benutzt es wie eine Seife. Das lange Kerlchen wehrt sich und sondert dabei das »Insektenschutzmittel« ab. Die »Seife« wird sogar brüderlich geteilt, denn in einem Tausendfüßler steckt genug Sekret für zwei.

Eine weitere Variante des Insektenschutzes ist das Einreiben mit dem Saft von Zitrusfrüchten, Blättern und Samenstengeln. Die letzten beiden werden vorher mit Speichel vermischt und zu einem klebrigen Brei verarbeitet. Anschließend wird dieser großzügig im Körperfell verteilt.

Das Tausendfüßlersekret ist für unsereins nicht praxistauglich, es gilt sogar als krebserregend, aber die andere Variante funktioniert auch bei uns. Einheimische wissen das und sammeln genau die Blätter und Stiele ein, die auch die Affen benutzen. Zerkauen, einspeicheln und ab damit auf die Haut. Es muss also nicht immer »künstlich« aus der Tube oder dem Spraybehälter sein.

69 Die Pansexualität

Von kleinen Hügeln, Skrota und Scheren

Alle Affen tun es. Die allermeisten tun es während des Tages, manche, wie wir Menschen, auch bei Nacht. Die Rede ist vom Liebesakt. Was würden wir nur ohne Sex tun? Ganz einfach: uns nicht mehr fortpflanzen. Aber Sex ist viel mehr als nur ein Fortpflanzungsmechanismus. Es gibt sowohl hetero- als auch homosexuelles Verhalten. Letzteres tritt nur beim Menschen auf? Mitnichten.

Gleichgeschlechtliche Liebe im Tierreich ist keine rare Seltenheit. Bei weit über 2.000 Tierarten wurde bereits homosexuelles Verhalten beobachtet. Besonders Herdentiere üben ihre homophilen Gelüste ganz freizügig aus. Eine gleichgeschlechtliche »Nummer« zwischendurch fördert nachhaltig das soziale Miteinander und kommt öfter vor, als man vermuten würde.

Bei uns menschlichen Affen stehen beim Sex oft der reine Spaß und die pure Lust im Vordergrund, bei den nicht menschlichen Affen dienen sexuelle Handlungen, insbesondere gleichgeschlechtliche, oft der Konfliktlösung.

Ein Beispiel mit zwei Bonobomännchen: Das eine ist eifersüchtig und verscheucht das andere, das gerade dabei ist, einer Dame den Hof zu machen. Anstatt sich zu duellieren und sich auf ein Spiel um Leben oder Tod einzulassen, kommen sie sich nahe und reiben ihre Skrota aneinander. Und schon ist der Streit beigelegt, bevor er überhaupt begonnen hat.

Auch Weibchen spielen gern mit ihren Genitalien. Sie reiben ihre Klitorides aneinander. Dabei nehmen sie eine Scherenposition ein, die gemeinhin auch als »scissoring« bekannt ist. Dabei geben sie nicht selten Laute von sich, die als lustvolles Stöhnen interpretiert werden können. Die libidinöse Praktik des Aneinanderreibens der Klitorides in Missionarsstellung dient der Stärkung weiblicher sozialer Bindungen und festigt die Chefinnenposition (siehe Kapitel 58). Bonobos zeigen ein breites Spektrum an Sexualkontakten und können mitunter als »pansexuell« bezeichnet werden.

70 Der Pazifist

Friedliebend und tolerant

Der Bonobo-Schimpanse gilt als der am wenigsten erforschte Menschenaffe, was unter anderem daran liegt, dass er in einem schwer zugänglichen Gebiet lebt. Außerdem ist die Bonobopopulation in den vergangenen Jahrzehnten dramatisch geschrumpft. Wie viele Exemplare aktuell leben, kann niemand genau sagen. Die Zahl dürfte sich zwischen ein paar tausend und wenigen zehntausend einpendeln.

Ein gänzlich Unbekannter aus den versteckten Tiefen des kongolesischen Regenwaldes ist er dennoch nicht. Unter den Menschenaffen ist er gemeinhin der friedfertigste und freundlichste Vertreter, insbesondere im Vergleich zu seiner Schwesterart, dem Gemeinen Schimpansen, der bekannt dafür ist, ein zuweilen aggressives Verhalten an den Tag zu legen (siehe Kapitel 3). Bonobos lassen sich selten(er) auf gewaltsame Auseinandersetzungen ein, und die unterschiedlichen Bonobo-Gruppen rivalisieren in der Regel nicht miteinander. Das eigene Territorium wird in erster Linie durch lautes Gebrüll und Imponiergehabe markiert, was meist für eine gewaltlose friedliche Lösung sorgt. Und innerhalb einer Gruppe gilt stets der Leitsatz: »Sex statt Ohrfeige«.

Bonobos leben in gemischtgeschlechtlichen Gruppen, bestehend aus 40 bis 120 Tieren. Ihre Sozialstruktur wird als »Fission-Fusion-Organisation« bezeichnet, was bedeutet, dass die Bonobos in Großgruppen leben, die sich in viele kleine Gruppen aufteilen. Diese kommen aber immer wieder zusammen, sodass sie im Gesamten deutlich als große, gemeinsame Gruppe zu erkennen sind (siehe Kapitel 29).

Bonobos werden als Zwergschimpansen bezeichnet, was allerdings irreführend ist. Ihre Kopf-Rumpf-Länge beträgt etwa 70 bis 85 Zentimeter, was für einen Schimpansen im Bereich der Norm liegt. Stehend erreichen sie eine Größe von etwas über einem Meter. Ihr Erscheinungsbild ist jedoch generell zierlicher als das der Schwesterart.

Gattung Schimpansen | Art Bonobo | Verbreitung südlich des Kongos, Demokratische Republik Kongo | Nachlese »Bonobo Alive« ist eine Organisation, die von Bonoboforschern ins Leben gerufen wurde, um die Bonobos und ihren Lebensraum im südwestlichen Teil des Nationalparks Salonga in der Demokratischen Republik Kongo zu schützen: www.bonobo-alive.org.

71 Der poppige Beau

Ein Modegeck und seine Allüren

Gäbe es Schönheitswettbewerbe im Affenreich, Jahr um Jahr würde ein Mandrillmännchen gewinnen. Es ist der unangefochtene Schönling im Dschungel.

Sein unverkennbares Markenzeichen sind sechs knöcherne, oft blau bis purpur gefärbte Furchen auf jeder Seite seines lang gezogenen Nasenbeins. Diese mitunter artifiziell wirkenden, beinahe neonfarben leuchtenden »Azurbackenkuhlen« sind sein ultimatives Statussymbol und sprechen eine klare Sprache: Hier bin ich der Boss! Mandrills sind unverblümte Paschas, die stets einen Harem um sich haben und ihn bis aufs Blut verteidigen. Wehe dem, der sich einem seiner Weibchen nähert, der kriegt ordentlich was auf die Schnauze! Und wehe der, die sich zu einem Konkurrenten wegstehlen möchte: Sie wird umgehend und entschieden zurückgepfiffen.

Zusammen mit der langen Rotnase, dem inkarnaten Kussmund und dem goldgelben Ziegenbart hat er das perfekte Künstlerantlitz. Wäre dieser Prachtkerl modisch interessiert, wäre er wohl ein geschminkter »Pavian« im Gucci-Shirt.

Übrigens: Je farbiger seine Gesichtsmarkierungen, desto mehr Testosteron »pumpt« durch seinen Körper. Und das kann auch aufgrund von Aufregung passieren. Geht dem Mandrillmännchen mal die Düse, verstärkt sich die Gesichtsfärbung. Außerdem ist sein Hinterteil in einen ähnlichen Farbtopf gefallen: vorne hui und auch hinten hui.

All die Farben dienen in erster Linie der Kommunikation untereinander, genauso wie diverse Gesten, zum Beispiel das Präsentieren der Eckzähne oder ein heftiges Schlagen auf den Boden. Mandrille gelten als eine der kommunikationsfreudigsten Affenarten und haben eine Reihe von Mitteln gefunden, um sich gegenseitig auf dem Laufenden zu halten oder den anderen mitzuteilen, in welcher Gefühlsstimmung sie sich gerade befinden, ob gut gelaunt, paarungswillig oder voller Ärger. Das wird durch die Farben, Gesten, Laute und das launige Lausen ausgedrückt (siehe Kapitel 52).

72 Die positive Selektion

Der Mensch schneidet nicht immer besser ab

Lange Zeit war man der Meinung, dass sich im menschlichen Erbgut die meisten Anzeichen für eine positive Selektion befänden. Schließlich halten wir uns für die unbesiegbaren Könige und fühlen uns wohl in der Rolle einer planetaren Sonderstellung. Wir können auf der Welt schalten und walten, wie wir wollen, keiner kann uns das Wasser reichen. Aber all das ist ein großer Irrtum.

Von »positiver Selektion« ist immer dann die Rede, wenn sich bei einer Population über Generationen hinweg nach und nach schlechte Merkmale »herausmendeln«. In der Evolutionstheorie von Charles Darwin ist die Selektion ein Schlüsselmechanismus. Nachdem sich die Wege von Mensch und Schimpanse vor vielen Millionen Jahren trennten, kommt der Mensch aktuell auf knapp über 150 dieser positiven Mutationen (bessere Anpassungen an die Umwelt), der Schimpanse auf über 230. Das ist nicht nur knapp gewonnen, sondern mit großem Abstand. Ein Sieg auf ganzer Linie, der nur einen augenzwinkernden Schluss zulässt: Der Schimpanse steht auf einer höheren Entwicklungsstufe als der Mensch.

Ganz so einfach ist es natürlich nicht. Außerdem hat nur der Mensch sein Gehirn zu einer Art »Supercomputer« weiterentwickeln können, wenn auch noch mit vielen Fehlermeldungen und Abstürzen. Aber die Zahlen lügen trotzdem nicht. Blickt man etwas tiefer, ist ein Unterschied bei den betroffenen Genen zu erkennen. Beim Menschen haben sich unter anderem zum Beispiel Gene im Bereich der Fettsäuren geändert, beim Schimpansen im Bereich der Proteine und der Stressresistenz. Auch in Sachen Immunsystem hat es beim Schimpansen die besseren Anpassungen gegeben. Des Weiteren leben Schimpansen seit jeher in größeren Populationen, was die positive Selektion verstärkt. Menschen hingegen lebten lange Zeit in fragmentierten Gemeinschaften, was zwar zu häufigeren Erbgutveränderungen führte, aber offensichtlich in den meisten Fällen zu schlechteren.

73 Der Punk, der keiner ist

Die vielleicht schrägste Affenfrisur der Welt

Der Schopfaffe, auch als Schopfmakak bekannt und von den Einheimischen »Yaki« genannt, hat eine äußerst auffällige Frisur, die ihm den Spitznamen »Punk« eingebrockt hat. Dabei hat er weder ein provozierendes Aussehen, noch legt er ein nonkonformistisches Verhalten an den Tag, und eine rebellische Haltung nimmt er erst recht nicht ein.

Der Schopfmakak mit seinem fünf bis 15 Zentimeter langen Pracht-Haarschopf an der Oberseite des Kopfes gilt als sozial tolerant und friedlich, er lässt es grundsätzlich ruhig angehen und scheut jegliche Art von Konflikten.

Einem gemächlichen »Affen-Dolcefarniente« können Schopfmakaken trotzdem kaum noch frönen. Sie werden zu jeder Tages- und Nachtzeit vom Menschen gejagt und gefangen. Aber nicht wegen ihrer Punkfrisur oder ihrer bernsteinfarbenen Augen und auch nicht aufgrund ihres schönen Lächelns, sondern wegen ihres Fleisches. Das Kilo Yaki-Fleisch wird für umgerechnet etwa fünf Euro angeboten. Lebende Yakis gelten unter den Einheimischen weitestgehend als Schädlinge, die Pflanzfelder und Kokosnussplantagen verwüsten, tote hingegen als begehrtes Lebensmittel, das insbesondere zu besonderen Anlässen und feierlichen Festtagen aufgetischt wird.

Es gibt nur noch ein paar hundert bis wenige tausend Exemplare in freier Wildbahn. Kommen sie zur Ruhe und können sich frei nach Lust und Laune in ihrem Habitat entfalten, verbringen sie ihre Zeit gern mit gegenseitiger Körperpflege. Das Lausen ist des Schopfmakaken liebste Beschäftigung. Das macht nicht nur den Körper schön, sondern entspricht dem generell sozialen Gemüt des Schopfaffen, der stets körperliche Nähe in einem friedvollen Ambiente sucht. Das Bedürfnis nach sozialer Interaktion geht sogar so weit, dass sich Weibchen verschiedener Gruppen regelmäßig zum »Fruchtkränzchen« treffen und aufkeimende Konflikte meist mit einer gemeinsamen körpernahen Versöhnung enden.

Gattung Makaken | Art Schopfaffe | Verbreitung Nordosten der Insel Sulawesi und Nachbarinseln Tua und Talise (Indonesien) | Nachlese Das Macaca-Nigra-Projekt im Tangkoko-Naturreservat hat sich auf die Fahne geschrieben, das Aussterben des Schopfmakaken zu verhindern: www.macaca-nigra.org.

74 Die Rattenfänger

Von Ringelschwänzchen und Nützlingen

Die Schwänze der Altweltaffen sind von Art zu Art sehr unterschiedlich. Sowohl die Schwanzlänge als auch die Form ist variabel. Was alle Altweltaffenschwänze gemeinsam haben: Sie dienen nicht, wie bei den Neuweltaffen, als Greifschwanz. Von den zwei Überfamilien der Altweltaffen, den Geschwänzelten Altweltaffen und den Menschenartigen, hat jedoch nur erstere einen Schwanz, letztere nicht (siehe Kapitel 86). Ein besonders einzigartiges Exemplar haben die Schweinsaffen, die sich in eine südliche und eine nördliche Art aufteilen. Ihr Schwanz ähnelt tatsächlich dem der Schweine.

Der geringelte Schwanz ist jedoch nicht das einzige Außergewöhnliche an diesen Tieren. Abgesehen davon, dass Schweinsaffen zu den größeren Makakenarten gehören und in ihrer Lebensweise merklich leiser sind als ihre Schwesterarten, sind sie die Affenart, die am meisten Fleisch zu sich nimmt. Zumindest gilt das für die Population auf Malaysia, die in Plantagengebieten lebt. Das Fleisch nehmen sie in Form von Ratten auf. Man geht davon aus, dass eine große Horde Südlicher Schweinsaffen ein paar tausend Ratten pro Jahr vertilgt.

Die malaiischen Plantagenbauern sind eigentlich nicht gut auf Schweinsaffen zu sprechen. Diese sind als Fruchtdiebe bekannt und gelten als Schädlinge. Doch der von ihnen verursachte Schaden hält sich in Grenzen, insbesondere wenn man ihn mit dem von den Ratten angerichteten vergleicht, der etwa zehnmal so groß ist. Seitdem die Plantagenbauern den Affen »freies Maul« lassen, halten diese die Rattenpopulation in Schach. »Schädling« bekämpft »Schädling« und wird so zum Nützling. Die Affen haben bei der Rattenjagd einen bedeutungsvollen Vorteil: Ratten sind nachtaktiv, tagsüber verstecken sie sich. Leichtes Spiel für die Schweinsaffen, sie sind tagaktiv und haben deshalb das Überraschungsmoment auf ihrer Seite, wenn sie die Rattenverstecke aufstöbern.

75_Die Regelschwellung

Zeig mir deinen Hintern, Baby!

Bei einigen Affenarten, zum Beispiel bei Pavianen und Schimpansen, kommt bei den geschlechtsreifen Weibchen eine sogenannte Regelschwellung vor. Es handelt sich dabei um eine meist rosa- bis rotfarbene Schwellung des Genitalbereiches samt Gesäß. Die Schwellung ist hormonell bedingt und ein visuelles Signal der Paarungsbereitschaft. Das auch als »Anogenitalschwellung« bezeichnete Phänomen ist für das Männchen der deutlichste Hinweis auf die Empfängnisbereitschaft des Weibchens.

Zur Paarung kann es bei den meisten Affen das ganze Jahr über kommen. Die Zyklusdauer beträgt durchschnittlich etwa sechs Wochen, und die Fruchtbarkeit erreicht alle paar Wochen ihren Höhepunkt. Je nach Rotfärbung und Schwellungsvolumen kann das Männchen am Hintern des Weibchens genau ablesen, in welcher Fruchtbarkeitsphase es sich befindet. Die Gesäßschwellung variiert in Form und Größe, je nach Lebensalter und Fruchtbarkeit. Die Verdickung ragt je nach Affenart fünf bis 15 Zentimeter heraus und ist nicht selten schwulstartig. Auch die rosaroten Farbnuancen bleiben nicht ein Leben lang gleich, sondern variieren mit fortgeschrittenem Alter.

Die Fortpflanzungsinitiative geht in diesem Sinne sozusagen vom Weibchen aus, denn dessen Hormone und Gesäßdurchblutung sorgen dafür, dass Männchen ideomotorisch zur Begattung »antanzen«. Diese sind, etwas überspitzt formuliert, so programmiert, dass sie beim Anblick eines empfängnisbereiten Pos sofort zur Tat schreiten.

Allerdings ist ein rot angeschwollener »Affenarsch« nicht zwangsläufig das Attraktivitätskriterium Nummer eins. Männchen richten sich in der Regel danach, wann das Weibchen ihr letztes Jungtier hatte. Je länger das her ist, desto »attraktiver« ist das Weibchen. Männchen betreiben damit eine Art von sexueller Selektion, also eine Auslese von Individuen hinsichtlich der Reproduktion. Sie versprechen sich davon mehr Erfolg bei der Fortpflanzung.

Gattung Paviane | Art Mantelpavian | Verbreitung entlang der Westküste des Roten Meeres und auf der Arabischen Halbinsel | Nachlese Sie möchten sich für Affen engagieren? Auch unter www.freiwilligenarbeit.de finden sich Affenprojekte.

76 Das Rotgoldbabyäffchen

Klein, süß, putzig und auffällig wie ein Superstar

Alle Neugeborenen der Haubenlanguren haben ein rotgoldenes Babyfell. Der einzige Kontrastfarbtupfer ist die schwarze Schwanzspitze. Wer mit so einer auffälligen Fellpracht auf die Welt kommt, sorgt natürlich von der ersten Minute an für große Aufmerksamkeit. Alle Gruppenmitglieder wollen mal gucken, anfassen, drücken und das Baby versorgen und verhätscheln.

Haubenlanguren leben in Gruppen von fünf bis 20 Tieren: ein geschlechtsreifes Männchen, mehrere Weibchen und der Nachwuchs. Um Letzteren kümmern sich alle Weibchen zusammen. Das Rotgoldbabyäffchen wird herumgereicht wie eine Piña Colada am Lagerfeuer. Spielen und Kuscheln sind die Lieblingsbeschäftigungen des Kleinen, aber er übt sich auch früh im Turnen und Klettern. Er wird von allen Weibchen herumgetragen, insbesondere dann, wenn die leibliche Mutter auf Nahrungssuche ist. Unter Südlichen Brillenlanguren fällt das Goldnesthäkchen besonders auf, da die Älteren ein graues bis schwarzes Fellkleid tragen. Was Babys und Erwachsene jedoch gemeinsam haben: die »Nickelbrille«. Die weißlichen Zeichnungen rund um die Augen sind des Brillenlanguren charakteristisches äußerliches Merkmal.

Haubenlangurenbabys haben also viele Mütter und bekommen im Laufe ihrer Entwicklung zum erwachsenen Individuum viel Zuneigung und Liebe. Sobald die Jungtiere aber die Geschlechtsreife erreichen, müssen sie die Gruppe für immer verlassen. Sie schließen sich dann meist erst mal reinen Männergruppen an. Die Mütter sind von da an passé, »Heimatbesuche« oder Ähnliches gibt es nicht. Einmal der Mutter den Rücken gekehrt, gibt es kein Zurück mehr.

So süß und putzig die Babyäffchen und so fürsorglich und bemutternd die Weibchen, so brutal das Männchen, das einem anderen seinen Harem streitig macht. Nach einem schweißtreibenden, blutig errungenen Sieg verscheucht es nicht nur seinen geschlagenen Rivalen, sondern verübt in manchen Fällen sogar Kindsmord.

77 Die Sache mit dem Tod

Trauern ohne Leichenschmaus

Das Leben ist im Grunde tragisch. Wir wachsen als unmündige, ahnungslose Kinder auf. Und alles scheint unendlich und spannend und cool – doch plötzlich kommt die Erkenntnis: Irgendwann ist Schluss, dann ist es aus und vorbei. Für jeden. Ausnahmslos. Wir Menschen sind uns unserer Sterblichkeit bewusst, auch wenn wir nicht täglich darüber nachdenken und diese Tatsache gern verdrängen. Aber wissen auch andere Lebewesen, was der Tod bedeutet?

Descartes leugnete die res cogitans in Bezug auf Tiere. Er glaubte, andere Lebewesen hätten kein Bewusstsein. Tiere haben aber durchaus eine Form von Bewusstsein. Und das gilt auch für das Thema Tod. Tiere »wissen« sehr wohl, was der Tod bedeutet, auch wenn ihnen wahrscheinlich nicht bewusst ist, dass der Tod zum Leben dazugehört. Schimpansen erleben den Tod oft sehr intensiv. Verlieren sie einen ihnen nahestehenden Verwandten, ähnelt ihr Verhalten dem der Menschen.

Schimpansen-Mütter »ignorieren« nicht selten den Tod ihrer Jungen. Sie tragen das tote Jungtier teils über Wochen mit sich herum. Der Kadaver quillt auf, trocknet ein, wird zu einer klapprigen Mumie – die Mutter verlässt ihr Junges dennoch nicht. Ist es möglich, dass sich die Mutter auf diese Weise von ihrem Jungen verabschiedet und so den schmerzlichen Verlust verarbeitet?

Liegt ein älteres Gruppenmitglied im Sterben, leisten Schimpansen »Sterbebegleitung«. Der dem Tod Geweihte wird gelaust und liebkost. Mund und Arme werden untersucht, als würde nach Lebenszeichen gesucht. Tritt der Tod ein, hält ein Mitglied stundenlang »Totenwache«. Die anderen Sterbebegleiter ziehen sich zurück und schlafen in jener Nacht unruhig. Das Sterbelager wird von der ganzen Sippe tagelang nicht aufgesucht. In den nächsten Wochen sind die Schimpansen ungewöhnlich ruhig und fressen weniger.

All das sind Anzeichen dafür, dass Schimpansen »verstehen«, dass der Verstorbene nicht mehr zurückkehren wird.

Gattung Schimpansen | Art Gemeiner Schimpanse | Verbreitung Zentralafrika | Nachlese
Das »Chimfunshi Wildlife Orphanage« in Sambia ist eines der größten und ältesten Schimpansen-Waisenhäuser der Welt: www.chimfunshi.de.

78 Die Sache mit der Liebe

Einer für alle und jeder mit jedem

Die Liebe ist ein kompliziertes chemisches Hirnkonstrukt, und es ergeht ihr ähnlich wie der dunklen Materie: Jeder redet von ihr, die Worte »Ich liebe dich« sind schnell ausgesprochen, aber keiner weiß so richtig Bescheid. Die Liebe und die praktische Ausübung von Sexualität gehen oft Hand in Hand, müssen aber nicht aus demselben Holz geschnitzt sein. Was aber zweifelsohne klar ist: Ohne Liebe und ohne das Ausleben der Sexualität kann kein Affe existieren.

Bonobos haben das längst erkannt und leben nach dem Prinzip der freien Liebe. Sie gehen sogar einen Schritt weiter: Gleichgeschlechtliche Liebe ist kein Problem, sondern sogar erwünscht. Die Gründe liegen auf der Hand: Regelmäßige Interaktionen sexueller Natur fördern das Miteinander, stärken die sozialen Bindungen, führen zum Abbau jedweder Aggressionen und rufen eine Kooperationskultur hervor.

Dabei treiben es die Bonoboweibchen auf die Spitze. Sie haben in der Summe unter sich mehr Verkehr als mit ihren männlichen Artgenossen. Auch hier liegt der Grund auf der Hand: Weibchen stärken so ihre Position in der Gruppe und halten dadurch enger zusammen. Lose Bindungen eingehen, um feste Bindungen zu etablieren, so lautet das Erfolgsrezept.

Fremdgehen in einer anderen Gruppe kommt jedoch nicht vor. Innerhalb einer Gruppe gibt es dafür keine Einschränkungen. Jeder darf mit jedem. Grundsätzlich aber stets in beiderseitigem Einverständnis. Geschlecht, Alter oder Rang spielen keine Rolle.

Ein »affengeiles« Schlaraffenland? Nicht ganz. Das Austauschen von Zärtlichkeiten hat nur ein Ziel: Frieden statt Krieg und Sex statt Gewalt. Bonobos sind aber keineswegs krankhaft sexbesessen, alles läuft gesittet ab, und es kommt lediglich beiläufig und nicht ständig zu sexuellen Tätigkeiten. Übrigens liegt die durchschnittliche Kopulationsdauer bei 13 Sekunden. Der Bonobo würde sagen: Alles easy, Baby!

Gattung Schimpansen | **Art** Bonobo | **Verbreitung** Zentralafrika | **Nachlese** Liebe und Kummer gehen oft Hand in Hand: www.die-liebeskuemmerer.de. Hat nichts mit nicht menschlichen Affen zu tun, aber dafür sehr wohl mit menschlichen.

79 Das Samentaxi

Am Ende war es immer der Gärtner

Gorillas gelten als sanfte, gutmütige Riesen mit dem besonderen »Hundeblick«. Sie sind die größten Menschenaffen auf unserem Planeten. Vorzugsweise leben sie in Tieflandregenwäldern, in Sumpfgebieten und im Bergland Afrikas. Was vielen nicht bewusst ist: Sie sind reine Pflanzenfresser. Was jedoch nicht bedeutet, dass sie sich voll und ganz der »Fleischeslust« entziehen, denn Gorillas sind äußerst kopulationsfreudige Affen. Insbesondere Gorillamännchen »treiben« es gern bunt, wild und ausgiebig – aber stets in der eigenen Gruppe. Sie leben in der Regel in festen polygamen Haremsgemeinschaften, in denen ein dominanter Silberrücken die ehrenvolle Aufgabe des »Samentaxis« hat. Er hat mehrere Weibchen zu beglücken und für den zukünftigen Nachwuchs der Gemeinschaft zu sorgen.

Gorillas sind in erster Linie aber noch in einem ganz anderen Kontext eine »Dschungeldroschke«. Sowohl Männchen als auch Weibchen spielen als »Samentaxi« eine wichtige Rolle in ihrem Ökosystem, da sie für einige Pflanzen essenziell sind, wenn es um deren Aussaat geht: Sie sind abhängig von der Ausbreitung durch Gorillas. Aufgrund dieser Funktion werden Gorillas auch als »Gärtner des Regenwaldes« bezeichnet. Sie tragen dazu bei, die Artenvielfalt zu bewahren und den Wald zu regenerieren.

Gorilla und Wald leben in einer perfekten Symbiose. Die Tiere verteilen Dutzende Samenarten und gehören somit zu wichtigen Dispergierern in ihrem Habitat. Ohne Gorillas verkommt der Wald zu einem zerrütteten Schatten seiner natürlichen, ausbalancierten Pracht.

Aber auch andere Affenarten mimen den Gärtner und spielen »Samentaxi«. Tamarine zum Beispiel. Sie gehen sogar einen Schritt weiter und fressen Früchte von Bäumen intakter Waldgebiete, machen ihre »großen Geschäfte« mit unverdauten Samen aber in benachbarten heruntergekommenen und vernachlässigten Weideflächen. Ergebnis: Sie säen neuen Wald.

80 Das Scharlachgesicht

Zeig mir deine Röte, Baby!

Keiner hat so eine schöne haarlose und rot leuchtende »Visage« wie der Rote Uakari, der auch einfach nur »Scharlachgesicht« genannt wird. Wer ihm ins Gesicht sieht, dem kommt sofort der Gedanke, der Affe sei an Scharlach erkrankt. Ist aber nicht so. Ganz im Gegenteil: Je »prominenter« seine Scharlachfarbe, desto gesünder der Affe.

Die rot glänzende Gesichtshaut des Roten Uakaris sorgt für ein schaurig-schauerliches Antlitz, das mitunter eine abstoßende Wirkung auf uns Menschen hat. Nicht aber auf die Weibchen, denn für sie ist eine »Scharlachvisage« ein ausgesprochen attraktiver Leckerbissen. Je greller das Gesicht, desto vitaler und potenter der Affe. Und das wissen die »fruchtbaren Damen« nur allzu gut. Wer das kräftigste Scharlachgesicht vorzuweisen hat, darf sich rühmen, das begehrteste Männchen zu sein. Weibchen lassen sich nicht mit dem erstbesten Uakari ein, sondern schauen ganz genau auf seine Gesichtsfarbe.

Die verschiedenen Rottönungen sind nämlich ein Indiz für den Gesundheitszustand des jeweiligen Individuums. Weibchen können aus den Rotnuancen herauslesen, wie es um den potenziellen Kopulationspartner steht. Das für Menschen nach Krankheit und Tod aussehende rötliche Gesicht ist für die Tiere eine Art Gesundheitszeugnis. Hat ein Männchen eher blasse Rottöne, lassen die Weibchen die Finger von ihm, denn diese sind ein Zeichen dafür, dass er womöglich von einer Malaria-Mücke gestochen wurde oder eine andere Krankheit ausbrütet. Mit »Adelsblässe« im Gesicht findet kein Uakari seine Herzensdame.

Die Rotfärbung verdanken sie übrigens nicht Hautpigmenten, sondern dem Fehlen von Pigmenten, einer überdurchschnittlich starken Durchblutung im Gesicht und der dünnen, aber sehr festen Gesichtshaut. Ein weiteres Merkmal dieser in allen Belangen auffälligen Affen: Die Männchen tragen einen leuchtend orangefarbenen Fellumhang um die Schultern.

Gattung Sakiaffen | Art Roter Uakari | Verbreitung nordwestliches Amazonasbecken (Südamerika) | Nachlese Ziel: eine Welt, in der Menschen Tieren mit Respekt, Mitgefühl und Verständnis begegnen: www.vier-pfoten.de.

81 Die Schimpansen-Big-Five

Affen mit Charakter

Wir Menschen sind nicht die einzigen Affen mit Persönlichkeit. Ob Gorilla, Makake oder Seidenäffchen – jeder Affe ist anders, und so auch jeder Schimpanse. Schimpansen verfügen über individuelle Persönlichkeiten. Es gibt breitbrüstige Don Juans, angstlose Draufgänger, melancholische Landschaftsbeobachter, energische Streithähne oder barmherzige Pazifisten – die Reihe der Charaktere ist lang. Wie sich die Persönlichkeit eines Schimpansen entwickelt, ist nicht bis ins Detail geklärt. Aber Aspekte wie Vererbung, Verhalten der Mutter und Lebensumstände spielen eine Rolle. Ebenso ist das Befinden der trächtigen Mutter entscheidend. Erlebt das Weibchen während der Schwangerschaft viel Stress, wirkt sich das auf den Nachwuchs aus.

Wie beim Menschen kann auch beim Schimpansen das Fünf-Faktoren-Modell der Persönlichkeitspsychologie, »Big Five« genannt, angewendet werden. Die Hauptkategorien lauten: Offenheit für Erfahrungen, Extraversion, Verträglichkeit, Gewissenhaftigkeit und Neurotizismus. Die letzten beiden werden bei Schimpansen jedoch mit folgenden Eigenschaften ausgetauscht: Reaktivität/Unzuverlässigkeit und Dominanz. Jeder Schimpanse verfügt über eine Kombination dieser Charaktereigenschaften und kann entsprechend eingeordnet werden. Der Mix an Persönlichkeiten garantiert die Anpassungsfähigkeit an wechselnde Umweltbedingungen. Wären alle Individuen einer Spezies gleich, wäre es schnell vorbei mit der Weiterentwicklung, denn keine Überlebensstrategie ist immer richtig. Mal haben die Vorsichtigen die besseren Karten, mal braucht es Resolutheit oder Abenteuergeist, um neue Reviere zu erschließen. Diversität in der Persönlichkeitsstruktur ist ein wichtiges Merkmal in der Evolutionsbiologie der Affen. Gegensätzliche Persönlichkeiten ziehen sich an? Nicht bei Schimpansen. Sie bevorzugen Freundschaften mit Artgenossen, die eine ähnliche Persönlichkeit aufweisen.

82 Die Schläfer

Von Schlafrhythmen, Schlafwelten und Schlafsand

Als tagaktive Tiere schlafen Affen nachts. Es gibt nur wenige Ausnahmen, wie zum Beispiel die Nachtaffen (siehe Kapitel 63). Augen zu und ab ins Schlummerland, ein besonderes Ritual ist nicht nötig. Affen werden nach einem ereignisreichen Tag ganz von selbst müde. Sobald es dunkel wird und der Körper Schlafhormone ausschüttet, fallen den Tieren die Augen zu. Was die Schlafgewohnheiten angeht, gibt es unter Affen jedoch große Unterschiede. Insbesondere Schimpansen, Gorillas und Orang-Utans ähneln in ihrem Schlafverhalten dem Menschen, was darauf hindeutet, dass unsere Schlafgewohnheiten von gemeinsamen Vorfahren stammen.

Menschenaffen schlafen liegend und rollen sich am liebsten dabei ein. Sie mögen es komfortabel, bauen sich Betten aus Blättern und Zweigen (siehe Kapitel 14). Von allen Affen sind sie die besten Schläfer oder anders ausgedrückt: Ihre Schlafqualität ist im Affenreich unerreicht. Sie schlafen nicht nur lange und ausgiebig, sondern auch tief und fest.

Es ist anzunehmen, dass Orang-Utans und Co. in etwa die gleichen Schlafphasen durchlaufen wie wir: Einschlafphase, Leichtschlafphase, Tiefschlafphasen und REM-Schlafphase. Ebenso scheint es möglich, dass sie flüchtig träumen, denn gelegentlich bewegen sich während des Schlafs ihre Augenlider. Ein Verhalten, das als Indikator für das Erleben von Träumen gilt.

Andere Affen, wie zum Beispiel Paviane, schlafen dagegen aufrecht sitzend oder auf dem Bauch liegend und lassen dabei alle viere herabhängen, womöglich von einem stabilen Ast. Ihr Schlaf ist unruhig und leicht, sie haben also keinen Tiefschlaf. Wie den Pavianen ergeht es den meisten Affen. Sie sind auch nachts auf der Hut und ruhen stets mit einem »wachen Auge«. Sie haben alle eine weniger bequeme, unsichere und sozial dynamische Schlafumgebung, was sich schlecht auf die Schlafqualität auswirkt und letztlich auch auf die Entwicklung des Gehirns.

83 Der Schreihals

Von Zungenbeinen und dem Farbensehen

Was können Brüllaffen am besten? Brüllen! Es gibt an die zwölf Brüllaffenarten, und alle leben in Mittel- und Südamerika. Die Frage, wer von ihnen der fulminanteste Schreihals ist, ist jedoch schwer zu beantworten. Man müsste eine Schreihals-Studie in Auftrag geben. Was alle gemeinsam haben: Für das packende tägliche Brüllspektakel bevorzugen sie die frühen Morgenstunden. Und weil es sich am besten zusammen brüllen lässt, setzen alle zusammen zur Schreisinfonie an. Sie sind Gruppenschreier.

Eine ganze Orchesterbrigade brüllt sich jeden Morgen gleichzeitig minutenlang die Seele aus dem Leib und begrüßt so den neuen Tag im Regenwald. Man könnte annehmen, den Affen läge viel daran, möglichst viel Krach zu machen, damit auch jeder Urwaldbewohner mitbekommt, dass sie wach sind. Und ein bisschen ist das auch so. Ihr morgendliches Schreikonzert hat letztlich einen dominierenden Grund: Sie wollen Ärger vermeiden.

Sie machen sich lauthals bemerkbar und damit Artgenossen anderer Gruppen klar: Hier sind schon wir, verzieht euch gefälligst! Und das klappt ganz gut. Das gemeinsame Schreien dient der Konfliktprävention. Brüllaffen haben generell ein sanftes Gemüt und vermeiden Gewalt. Übrigens: Je tiefer das Gebrüll, desto kleiner die Hoden. Im Kehlkopf liegt die Kraft, Zungenbein und Schildknorpel sind stark vergrößert. Außerdem ist die Kehlkopftasche ausgestülpt.

Brüllaffen sind keine süßen »Äffchen«, sie reihen sich direkt hinter den größten Neuweltaffen, den Spinnenaffen (siehe Kapitel 95), auf Platz zwei ein und machen Eindruck, auch wenn sie einmal nicht schreien. Was sie allen anderen Neuweltaffen voraushaben: das Farbensehen. Brüllaffen sind Trichromaten. Zurückzuführen ist das auf eine Genduplikation des auf dem X-Chromosom gelegenen zweiten Opsin-Gens. Die Welt der Brüllaffen ist also laut und bunt. Dafür ist ihr Geruchssinn, ähnlich wie unserer, nicht besonders ausgeprägt.

84 Die Schummelkönige

Ein bisschen mogeln schadet niemandem

Sich mit fremden Federn schmücken, das eine oder andere Detail weglassen oder dazuerfinden, täuschen, tricksen und mogeln – alles zutiefst menschliche Attitüden, die bereits im Kleinkindalter entwickelt werden und unabhängig von der Kultur zu beobachten sind. Schummeln hat beim Menschen ein Leben lang Hochkonjunktur, aber können das auch nicht menschliche Affen? Zumindest sind sie in der Lage, kreative Lösungsstrategien anzuwenden, um an eine Leckerei zu kommen. Und dazu ist es nötig, den Sinn und Zweck einer Finte zu verstehen oder zu begreifen, dass man auch mit »Trick 17« etwas erreichen kann.

In Zoos werden Tiere regelmäßig »beschäftigt«, so auch Gorillas. Meist kommen knifflige Aufgaben, Spiele und Rätsel zum Einsatz, die extra für sie entwickelt wurden. Oft steht dabei das Futter im Mittelpunkt. Man möchte die Gorillas jedoch nicht nur sinnfrei beschäftigen, sondern sie auch mental fordern und ihr Verhalten studieren. Teils geschieht dies im Rahmen wissenschaftlicher Experimente, die sich Verhaltensforscher ausdenken. Affenmemory und Co. sind abwechslungsreiche Spiele für Gorillas, die ihre Gehirnzellen ankurbeln – und die Affen punkten dabei auf ganzer Linie. Nicht nur mit Intelligenz, sondern auch mit Schummelei.

Zum Beispiel beim Erdnuss-Labyrinth: Die Gorillas sollen mit einem Stock eine Erdnuss durch ein an der Wand befestigtes Labyrinth aus Brettern bewegen, bis sie unten durch ein Loch fällt. Was macht der Schummelkönig? Er presst seine Lippen an das Loch und saugt die Nuss an. Mission erfüllt! Nur eben anders als geplant und mit einer kleinen Mogelei.

Experimente dieser Art gibt es zahlreiche, und sie zeichnen alle dasselbe Bild: Insbesondere Menschenaffen sind in der Lage, zusammenhängende Handlungen zu verstehen und Aufgaben durch eine kreative Herangehensweise zu lösen, die durchaus als Schummeln oder Tricksen bezeichnet werden kann.

Gattung Gorillas | Art Westlicher Flachlandgorilla | Verbreitung Südkamerun, westliches Zentralafrika, Äquatorialguinea, Gabun, Republik Kongo | Nachlese Haben Sie eine Idee für ein Gorilla-Spiel? Unter www.gorillagamelab.com werden Sie fündig!

85 Der Schwanz

Körpergröße versus Schwanzlänge

Bei uns Menschen ist der Schwanz im Laufe der Evolution komplett verschwunden. Genauso wenig haben unsere nächsten Verwandten, die Schimpansen und Gorillas, einen Schwanz (siehe Kapitel 86). Der Grund liegt auf der Hand: Wir brauchen ihn weder fürs Gleichgewicht noch zur Verständigung und auch nicht, wie beispielsweise schwanzwedelnde Hunde, zum Ausdrücken von Emotionen. Und alles, was Mutter Natur nicht mehr braucht, kommt weg, bildet sich zurück. Für viele andere Tiere ist der Schwanz jedoch überlebenswichtig und ein mindestens genauso bedeutendes Körperteil wie die unteren oder oberen Extremitäten. Es gibt den Schwanz lang, flach, kurz, breit, geringelt, buschig oder stummelförmig. Die Formen im Tierreich sind vielfältig, der Schwanz erfüllt unterschiedlichste Funktionen und ist eines der variabelsten Körperteile in der Tierwelt.

Gibt es Affenarten, deren Schwanz länger ist als der eigene Körper? Ja, sogar mehrere. Beispielsweise trifft das auf das Zwergseidenäffchen zu. Der aktuell kleinste bekannte Affe der Welt erreicht eine Kopf-Rumpf-Länge von zwölf bis 15 Zentimetern, sein Schwanz wartet mit stolzen 17 bis 23 Zentimetern auf. Bei so einer geringen Körpergröße wundert es nicht, dass das Zwergseidenäffchen lediglich zwischen 85 und 140 Gramm auf die Waage bringt. Die Jungtiere sind kaum größer als ein menschlicher Daumen, sie kommen in der Mehrzahl als Zwillinge zur Welt.

Das Zwergseidenäffchen, ein tagaktiver Baumbewohner, gilt als Nahrungsspezialist. Es hat die Angewohnheit, kleine Löcher in die Baumrinde zu nagen und diese mit Duftstoffen zu versehen, um sie dann regelmäßig aufzusuchen und als »Baumsaft-Zapfsäulen« zu nutzen, wobei es den Saft mit den unteren Schneidezähnen abschabt. Am liebsten ist es frühmorgens unterwegs. Sein Aktivitätslevel verringert sich mit jeder Stunde des Tages. Am späten Nachmittag ist es platt und sucht sich ein Plätzchen zum Schlafen.

86 Schwanzlose unter sich

Die glorreichen acht

Acht Menschenaffenarten, eine Reihe von Gemeinsamkeiten und viele Unterschiede: Mensch, Schimpanse, Gorilla und Orang-Utan bilden eine facettenreiche homogen-inhomogene Familie (siehe Kapitel 82, 98 und 108).

Eine kuriose Gemeinsamkeit, die gern übersehen wird, weil es dabei um etwas geht, das kein Menschenaffe hat, ist die Schwanzlosigkeit. Bei keinem Mitglied der Hominiden existiert eine Verlängerung der Wirbelsäule über den Rumpf hinaus. Es gibt zwar die sogenannten »Schwanzmenschen«, deren hinteres Körperende sich nach Art eines Schwanzes verlängert hat und das Gesäß überragt, aber es handelt sich dabei nicht um eine reguläre Struktur, also um keinen echten Schwanz. Geschwänzte Menschen gehören ins Reich der Fabel, auch wenn der menschliche Embryo in seiner Frühphase einen wirbellosen Schwanz durchaus beachtlicher Länge vorzuweisen hat, der sich schnell wieder zurückbildet. Etwa in der siebten Woche ist vom Schwanz nicht mehr viel übrig, und was bleibt, kennt man als Steißhöcker: eine auf den Hinterbacken aufliegende Verwölbung, die mit der Körperoberfläche fest verwachsen ist. Quasi der verkümmerte Rest eines Affenschwanzes.

Einen Unterschied bezüglich der Schwanzlosigkeits-Gemeinsamkeit gibt es aber. Und zwar bei den männlichen Mitgliedern und ihrer Verlängerung an der vorderen Körperseite: Mit Ausnahme des Menschen haben alle Menschenaffen ein *Baculum*, das während der Kopulation für verschiedene Funktionen in Erscheinung tritt. Dieser sogenannte »Penisknochen« entwickelte sich zwar bei allen Affen zurück – beim Schimpansen ist er gerade einmal fingernagelgroß –, aber nur beim Menschen verschwand die »Stabilisierungsstütze« komplett. Warum der menschliche Affe hierbei eine Ausnahmerolle eingenommen hat, weiß man nicht zur Gänze. Die geringe Begattungsdauer und die monogame Paarstrategie könnten dabei eine Rolle gespielt haben.

Gattung Gorillas | Art Westlicher Flachlandgorilla | Verbreitung Südkamerun, Westen der Zentralafrikanischen Republik, Äquatorialguinea, Gabun, Republik Kongo | Nachlese Die weltweite Zerstörung der Natur und Umwelt stoppen und eine Zukunft gestalten, in der Mensch, Tier und Natur in Einklang miteinander leben: www.wwf.de.

87 Das Schwinghangeln

Von Ast zu Ast durch den Urwald

Die Brachiation, auch als Schwinghangeln bezeichnet, ist eine arboreale Fortbewegungsart. Unter Einsatz der vorderen Gliedmaßen schwingen sich die sogenannten Brachiatoren durch die Bäume. Dabei greifen sie abwechselnd von Ast zu Ast und fliegen förmlich von Baum zu Baum.

Einen sich derart hangelnden Affen hat wohl jeder schon einmal im Zoo oder im TV gesehen – ein eindrückliches, typisches Affenverhalten. Dabei ist es keinesfalls gang und gäbe, denn die Brachiation ist bei Weitem nicht die Fortbewegungsart Nummer eins im Affenreich. Vielmehr bildet das Schwinghangeln eine Ausnahme. Wesenhaft ist es lediglich bei Siamangs und Gibbons. Entsprechend werden diese »Echte Brachiatoren« genannt. Gattungen wie der Spinnenaffe, der sich suspensorisch fortbewegt und neben dem Klettern und Grätschen auch das Schwinghangeln beherrscht, nutzen diese Form der Fortbewegung nur fakultativ. Schimpansen und Gorillas schwinghangeln gar nicht. Unter den Menschenaffen tun dies ausschließlich die Orang-Utans. Meist aber nur, wenn sie es eilig haben und schnell lange Baumstrecken zurücklegen wollen. Dabei entstehen die typischen heftigen Schaukelbewegungen.

Die Brachiationsweltmeister sind klar die Gibbons. Sie sind rein baumlebend und haben perfekte anatomische Spezialisationen, um diese Art der Fortbewegung zu nutzen: extrem lange, flexible vordere Gliedmaßen, große Hände mit frei dehnbaren Handgelenken, flexible Schultergelenke, gebogene Finger mit kurzen Nägeln und einen zurückgebildeten Daumen.

Diese spezielle Fortbewegungsweise erlaubt es ihnen – im Vergleich zum Klettern und Springen –, geräuschloser und in gewisser Weise unauffälliger durch die Bäume zu »huschen«, was mitunter ein evolutionärer Vorteil sein kann. Auch wirkt sie sich auf andere Bereiche aus: Anstatt auf dem Rücken, wie bei den meisten anderen Affenarten, werden bei den Gibbons die Jungtiere am Bauch getragen.

88 Die seelischen Störungen

In Gefangenschaft ist auch der Geist gefangen

Rührende Tiergeschichten kennt jeder, aber dass seelische Störungen bei Tieren auftreten können, ist den wenigsten bewusst, gar hört oder liest man wenig bis gar nichts darüber in den Medien. Trauerreaktionen, manische Hochstimmungen oder Depressionen, in der tierpsychologischen Forschung dreht sich alles um die Frage, inwieweit die psychosoziale Gesundheit von Tieren beeinträchtigt werden kann. Wer Hunde- oder Katzenhalter ist, hat Erfahrung: Wenn das geliebte Haustier mit allen objektiven Symptomen menschlicher Trauer in der Ecke kauert, können wir uns unmöglich des Gefühls erwehren, dass es leidet – und zwar in einer uns Menschen nahezu spiegelbildlichen Art. Was subjektiv in dem Tier vorgeht, wissen wir nicht, aber den Leidensdruck spüren wir.

Seelisch erkrankte Tiere in freier Wildbahn sind kaum bekannt, ein solches Tier würde letztlich auch nicht lange überleben. In Gefangenschaft sind seelische Erkrankungen jedoch an der Tagesordnung. Menschenaffen in Erzwingungshaft leiden unter seelischen Beschwerden, die mit unseren nahe verwandt sind. Sie gleichen den menschlichen posttraumatischen Belastungsstörungen, Ängsten und Verhaltensauffälligkeiten. Auch Depressionen können auftreten. Oft manifestieren sich die Symptome in schweren Stereotypien und sozialem Rückzug. Beobachtungen zeigen ein ständiges Hin-und-her-Wippen des Körpers, das Einnehmen des eigenen Kots und Urins, Selbstverstümmelung, aufgestaute Aggressionen oder das Ausreißen der eigenen Haare.

Ebenso wie beim Menschen kommen bei der Behandlung der Tiere in erster Linie Psychopharmaka zum Einsatz. Einem Schimpansen, der »durchdreht«, wird Diazepam gespritzt. Schimpansen auf Valium? Keine Seltenheit. Ein Blick in die Augen verrät die Dauermedikation – Tranquilizer machen süchtig und ändern das Antlitz. Neurosen und Psychosen kommen dazu. Zoo-Affen unter Drogen sind die Regel, nicht die Ausnahme.

Gattung Schimpansen | **Art** Gemeiner Schimpanse | **Verbreitung** Zentralafrika | **Nachlese** Menschenaffen haben nichts in Zoos verloren? Unter dem Slogan »Ungerecht, nicht artgerecht« hat die Tierrechtsorganisation PETA die Kampagne »Menschenaffen raus aus Zoos« ins Leben gerufen und eine Onlinepetition gestartet: www.peta.de/kampagnen/menschenaffen.

89_Selbst ist der Affe I

Von Selbstbefriedigung und Do-it-yourself-Spielzeugen

Selbstbefriedigung ist wahrlich keine Praxis, die genau eingegrenzt werden könnte. Der eine segelt einhändig, der andere rubbelt beidhändig, die eine streichelt sanft, die andere fummelt kompromisslos-ungestüm, und jeder hat so seine Vorlieben, was Spielzeuge angeht. Nicht selten läuft im Hinter- oder besser gesagt Vordergrund ein gleichgeschaltetes Bildschirmprogramm, das menschliche Affen bei allem möglichen »Schweinkram« zeigt. Onanieren, während man anderen bei sexuellen Handlungen zuschaut, ist bei uns Menschen Usus. Sind wir jedoch eigentlich die einzigen Affen, die sich selbst befriedigen? Keineswegs. Die Masturbation ist ganz normal und natürlich im Tierreich und kann sowohl in freier Wildbahn als auch in unfreiwilliger Wildgehegeobhut beobachtet werden.

»Wilde Wichser« gibt es querfeldein durch alle Tierarten. Die Autoerotik wird von einem breiten Artenspektrum praktiziert, im Grunde genommen wendet sich die gesamte Fauna dem eigenen Genital zu. Und nicht menschliche Affen reihen sich wie so oft, wenn es um Sex geht, ganz vorne mit ein. Ihr Hunger nach Selbstlust ist fest in ihrem Habitus verankert. Onanistische Affen sind überall anzutreffen. Männchen wie Weibchen schalten gern mal in den »Handbetrieb-Modus« und beglücken sich immer wieder mal zwischendurch.

Die Methoden der Selbstbefleckung stehen, was den Einfallsreichtum angeht, den menschlichen Praktiken in nichts nach. Die ausgefeilteste Technik besitzen die Schimpansinnen: Sie beißen sich passgenaue Dildos aus Holzstückchen. Und wie steht es mit der Ejakulation und dem Orgasmus? Nicht jedes Mal kommt es dazu, aber es wird durchaus wild gespritzt und lauthals gekommen. Jeder Onanist weiß: Der Selbstorgasmus schlägt den Paarungsorgasmus oft um Längen.

Bei Affen, insbesondere den Menschenaffen, ist der Slogan »Selbst ist der Affe« nicht nur Show, sondern handfeste Realität: ein masturbierender Affe ist wahrlich kein zugespitzter Höhepunkt.

90_Selbst ist der Affe II

Wie Masturbation und Fortpflanzung zusammenpassen

Was hat es mit der Masturbation eigentlich auf sich, und welche Rolle spielt sie bei der Fortpflanzung? Auf den ersten Blick vergnügen sich nicht menschliche Affen, wie auch der Mensch, ausschließlich nach dem Lustprinzip. Steckt aber vielleicht mehr dahinter?

Die Onanie ist der Fortpflanzung dienlich. Klingt erst mal widersprüchlich, aber die Selbstbefriedigung dient durchaus der Reproduktion, wenn auch auf einem indirekten Weg. Da wäre einerseits der Trainingsaspekt. Nicht etwa die Bewegungsabfolge oder die Ausdauer sollen trainiert werden, sondern bestimmte Körperteile, die für die Fortpflanzung von entscheidender Wichtigkeit sind. Affenweibchen zum Beispiel trainieren mit Hilfe der Selbstbefriedigung ihre Scheidenmuskulatur, halten diese dadurch fit und überdies ihre Vaginalsekrete frisch.

Das ist von großem Nutzen, wenn man bedenkt, dass es der weibliche Körper ist, der bestimmt, welcher Samen das Ei befruchten darf. Eine gut durchblutete, ausreichend befeuchtete Genitalmuskulatur ist stets von Vorteil. Ohne Masturbation ist dies aber kaum zu gewährleisten.

Zum Thema Samenauswahl: Wenn ein Weibchen zwischen zwei Sexualkontakten selbst bei sich Hand anlegt, bewirkt das Masturbieren eine Reaktivierung der Samen des ersten Liebhabers und wird so zur Selektionsmethode. Die Masturbation kann somit als eine Art Werkzeug benutzt werden, um die Wahrscheinlichkeit der Vaterschaft eines ausgewählten Individuums zu erhöhen.

Bei den Männchen geht es um die Potenz: Wer regelmäßig masturbiert, hat für den nächsten Gemeinschaftsakt frischeren Samen. Und der ist erfolgreicher, wenn es zu einer Konkurrenzsituation im Körper des Weibchens kommt, was bei nicht wenigen Affenarten aufgrund der wechselnden Partner recht häufig vorkommt. Ein Onanist tut in diesem Fall also nichts anderes, als seinen Spermien einen womöglich entscheidenden Startvorteil zu verschaffen.

91 Die S-Fasern

Schnell zuckend, energieintensiv und fix ermüdend

Schimpansen sind fünfmal so stark wie Menschen. Eine Behauptung, die sich seit Jahrzehnten hält, aber nicht ganz stimmt. Im Kraftranking steht der Schimpanse zwar über dem Menschen, aber er ist lediglich etwa anderthalbmal stärker. Das reicht allerdings trotzdem, um zu wissen: Mit einem Schimpansen ist nicht gut Bananen essen (siehe Kapitel 5), wenn es darum geht, mit reiner Muskelkraft zu bestehen. Schimpansen sind die stärkeren Primaten, und das liegt hauptsächlich an den Muskelfasern.

Man unterscheidet zwei Haupttypen von Muskelfasern: Slow-Twitch-Fasern (auch S-Fasern oder Typ 1 genannt) und Fast-Twitch-Fasern (auch F-Fasern oder Typ 2 genannt). Letztere sind schnell zuckende Muskelfasern. Sie ermöglichen maximale Leistung in kürzester Zeit. Wer viele F-Fasern hat, der kann sich in einen »Popeye« oder »Hulk« verwandeln. Wer hingegen viele S-Fasern hat, also langsam zuckende Muskelfasern, die eine Dauerleistung mit wenig Kraftaufwand und langsamer Ermüdung ermöglichen, der kann sich mit einem Langstreckenläufer messen. Schimpansen haben erheblich mehr F-Fasern als S-Fasern, besitzen also mehr schnell kontrahierende Muskelfasern. Doch das allein erklärt nicht den Kraftunterschied zu uns Menschen.

Im Proteinaufbau sind Affen- und Menschenmuskelfasern nahezu identisch, aber die des Affen sind etwas länger, was einen zusätzlichen Faktor beim Kraftzuwachs ausmacht. Der wohl bedeutendste Unterschied liegt jedoch in einer schweren Aminosäurekette. Diese ist Bestandteil des funktionalen Myosins, eines Motorproteins, das eine wichtige Rolle bei der Muskelkontraktion spielt und aus einer schweren Aminosäurekette und mehreren leichten Ketten besteht. Während bei Menschen nur eine Isoform der Aminosäurekette vorherrscht, sind es bei Schimpansen drei, die gleichermaßen zum Einsatz kommen. Drei gegen eins – ein winziges Detail mit großer Wirkung.

Gattung Schimpansen | **Art** Gemeiner Schimpanse | **Verbreitung** Zentralafrika | **Nachlese** Projekte für den Schutz von Menschenaffen: www.p-wac.org.

92 Der Silberrücken

Chef im Ring

Ein schöner Rücken kann auch entzücken. Bei den Gorillas hat diese bekannte Redewendung eine tiefergehende Bedeutung. Alle voll ausgewachsenen Gorillamännchen ereilt in der Regel das gleiche Schicksal: Ihre Rückenfellpracht wird hell bis hin zu silberweiß und silbergrau.

Bei den beiden Unterarten des Westlichen Gorillas zieht sich der Silberrücken sogar über das Gesäß und bis über die Hüften und Oberschenkel hinunter. Bei den beiden Unterarten des Östlichen Gorillas färbt sich hingegen nur die Rückenpartie hell. Ein Detail, das lediglich ein äußerliches artspezifisches Merkmal ist, als »Silberrücken« werden sie schließlich alle bezeichnet.

Wer einen »silbernen« Rücken hat, der hat das Sagen. Der Anführer einer Gruppe, also einer Großfamilie, die meist zwischen acht und 30 Mitglieder zählt (ein Silberrücken, viele Gorillaweibchen, Nachwuchs, ein paar wenige junge Männchen), ist stets ein dominanter Silberrücken. Die Rollen sind klar verteilt, und wer der Chef ist, ist jedem klar. Ein treffsicheres Zeichen für ein besonders hohes Alter ist der Silberrücken aber nicht, denn für gewöhnlich setzt die helle Färbung bereits ab dem zwölften Lebensjahr ein, und im Mittel erreichen Freilandgorillas ein Alter von 40 bis 45 Jahren. Somit tragen sie etwas mehr als zwei Drittel ihres Lebens diese auffällige Rückenfellpracht.

Als Silberrücken ist man aber nicht nur der Clanchef, sondern auch der Fortpflanzungsbeauftragte Nummer eins. Man ist grundsätzlich einziger Paarungspartner für die Weibchen. Mehrzahl, denn Silberrücken pflegen Vielweiberei. »Kuckuckskinder« gibt es aber dennoch, das betrifft etwa zehn Prozent der Nachkommen, die mit oder ohne Zustimmung des Oberhauptes gezeugt wurden. Der Penis des Gorillas ist, zumindest in Relation zu seiner Körpergröße, übrigens auffällig klein. Eine Länge von drei bis sechs Zentimetern hat er in erigiertem Zustand vorzuweisen.

Gattung Gorillas | Art Westlicher Flachlandgorilla | Verbreitung vom südlichen Kamerun, dem Westen der Zentralafrikanischen Republik über Äquatorialguinea, Gabun und die Republik Kongo bis in die angolische Exklave Cabinda | Nachlese Gorilla-Adoption und Co. beim WWF: www.worldwildlife.org.

93 Der Sinn fürs Bunte

Rotsehen versus Rot sehen

Viele Affen sehen hin und wieder mal rot, aber bei Weitem nicht alle sehen die Farbe Rot. Ersteres »Rotsehen« steht in Zusammenhang mit Wut und dem Verlust der Beherrschung: Streit, Schläge, Gewalt. Letzteres »Rot sehen« hat etwas mit der Farbwahrnehmung zu tun. Wir Menschen sind mit Abstand die Affen mit dem breitesten Farbspektrum. Leidet der Mensch nicht unter Achromasie, lebt er in einer schönen bunten Farbwelt. Er ist ein Trichromat. Ein Spektrum von mehr als zwei Millionen Farbtönen kann von ihm unterschieden werden. Die meisten Säugetiere sind jedoch Dichromaten. Grün und Rot sind für sie dasselbe. Ihre Welt ist zwar nicht schwarz-weiß, aber sie nehmen sie lediglich in blassen Pastelltönen wahr.

Alle Menschenaffen, aber auch einige andere Affenarten, sehen die Farbe Rot. Ihre Welt ist ebenso bunt. Und das ist auch gut so, denn so können sie reife Früchte viel besser von unreifen unterscheiden. Oder ist das gar nicht der Grund für ihren »Sinn fürs Bunte«?

Die Wahrnehmung der Farbe Rot spielt bei uns Menschen eine Rolle, die einem vielleicht nicht sofort in den Sinn kommt. Stichwort »Erröten«. An den Rotschattierungen, die sich in unseren Gesichtern manifestieren, können wir den Gefühlszustand des Gegenübers ablesen. Wer hochrot anläuft, der ist entweder voller Scham oder sehr zornig. Und wer erbleicht, der tut das oft aus Angst oder Furcht. Bei unseren tierischen Verwandten ist das ähnlich. Der Pigmentmix ihrer Augen weist, ebenso wie der des Menschen, für Rotvariationen der Gesichtshaut die höchste Sensibilität auf.

Es sind also nicht die prallen Früchte mit ihren auffälligen Farben, die Schimpansen und Co. zu einem ausgeprägten Farbensinn verholfen haben, sondern die Emotionen ihrer Artgenossen. Das sogenannte Dreifarbensehen, also die volle Farbtüchtigkeit, ist ein wichtiges Instrument, um soziale Signale beim Gegenüber lesen zu können.

94 Der soziale Einzelgänger

Mit oder ohne Backenwülste einen Stich landen

Orang-Utans sind die einzigen Menschenaffen, die nicht in Gruppen leben, sondern vorwiegend einzelgängerisch. Strikte Einzelgänger sind sie deshalb aber noch lange nicht. Das Gegenteil ist der Fall. Sie sind soziale Affen, auch wenn es nicht zu festen, lang anhaltenden Gemeinschaften kommt wie bei allen anderen Menschenaffen inklusive uns Menschen.

Paaren sich Orang-Utans, begleitet das Männchen oft seine Herzensdame ein paar Tage, nicht selten Wochen, manchmal auch Monate. Weibchen und Nachwuchs bleiben bis zu neun Jahre zusammen. Auf den Streifzügen durch den Wald – Orang-Utans sind »Wanderer« – geschieht es nicht selten, dass sich mehrere Weibchen samt Nachwuchs für ein paar Tage zusammenschließen. Des Weiteren ist es nicht unüblich, dass sich auf einem großen Fruchtbaum etwa ein Dutzend Orang-Utans gleichzeitig den Bauch vollschlagen. Sie sind also weder un- noch asozial.

Ein charakteristisches Merkmal erwachsener Männchen ab dem 15. bis 20. Lebensjahr sind die Backenwülste. Wer sie hat, ist Chef im Ring, also in seinem Revier, und duldet kein weiteres Alphamännchen. Viele Männchen bilden die Wülste im Gesicht jedoch gar nicht aus. Der Grund: Orang-Utans sind die einzigen Menschenaffen, deren Männchen zwei verschiedene Entwicklungsstufen durchlaufen können. Bei vielen bleibt die zweite Stufe aber aus. Es kommt zum Entwicklungsstillstand, und die Wülste treten nicht in Erscheinung.

Ohne Backenwulst nix los? Keineswegs! Auch Männchen ohne Wülste präsentieren sich gern mal »hüllenlos« und gehen einer Dame an den Schoß. Weitestgehend munkeln sie im Verborgenen, sprich mit einem auf der Nudelsuppe dahergeschwommenen »Backenwulstzampano«. Trick 17: Das Ausbleiben der zweiten Entwicklungsstufe lässt sie in ihrer Erscheinung weiblich aussehen. Diese natürliche Tarnung nutzen sie, um ungestört eine passende Partnerin ausfindig zu machen.

Gattung Orang-Utans | Art Sumatra-Orang-Utan | Verbreitung Sumatra | Nachlese Das Leuser-Ökosystem auf Sumatra bewahren: www.lovetheleuser.org und www.batukapalconservation.com.

95_Spiderman

Wer braucht schon einen Daumen?

Mit einer Kopf-Rumpf-Länge von etwa 45 bis 80 Zentimetern hat der Spinnenaffe nicht gerade »Affengardemaß«, ist aber trotzdem der größte bekannte Neuweltaffe. Hinzu kommt ein 65 bis 80 Zentimeter langer Schwanz, der bei vielen Individuen die Körperlänge übertrifft. Dass der Schwanz länger als der Körper ist, das gibt es vermehrt bei den Neuweltaffen, bei den Altweltaffen hingegen weniger. Bei ihnen ist die Schwanzlänge zwar variabel, aber viele haben nicht mal einen, und als Greifschwanz fungiert er bei ihnen nie. Auch wir Menschen sind schwanzlos (siehe Kapitel 86).

Die Spinnenaffenweibchen wiegen rund zehn Kilogramm, die Männchen erreichen bis zu 15 Kilogramm. Schwergewichte sind sie bei Weitem nicht. Sie halten sich bevorzugt im Kronenbereich der Bäume auf und sind hervorragende Kletterer, die sich geschmeidig von Baum zu Baum hangeln. Ihre Fortbewegungsart heißt suspensorische Lokomotion: Sie schwinghangeln sich von Ast zu Ast und verteilen geschickt ihr Gewicht über mehrere kleinere Zweige, statt darauf zu balancieren. Viele Neuweltaffen haben diese Technik im Repertoire, aber auch bei den Altweltaffen gibt es ein paar Arten, die sich auf diese Weise fortbewegen können, wie zum Beispiel die Gibbons und die Orang-Utans. Letztere sind bekannterweise keineswegs Leichtgewichte, beherrschen die Technik aber bestens.

Die Spinnenaffen teilen sich in zwei Arten: die Nördlichen und die Südlichen. Erstere haben, wie es bei Affen Usus ist, fünf Finger, darunter einen Daumen, der jedoch ungewöhnlich klein ausfällt. Letztere haben gar keinen Daumen. Ein Spiderman mit nur vier Fingern? Das hindert ihn in keinster Weise daran, mit den Kletterkünstlern seiner Schwesterart mitzuhalten. Er »sprintet« mit einem »Affenzahn« durch die Baumkronen, und das ganz ohne Daumen. Warum sein Daumen komplett verkümmert ist, weiß man nicht. Er ist der einzige Neuweltaffe ohne Daumen.

96 Der Spiegeltest

Spieglein, Spieglein an der Wand

Sein eigenes Spiegelbild zu erkennen ist für den Menschen ein Leichtes. Letztlich braucht er nicht einmal einen Spiegel aus Glas, es genügen auch eine ruhige Wasseroberfläche und ausreichend Licht. Zum ersten Mal in seinem Leben kann sich der Mensch als etwa zweijähriges Kind selbst erkennen. Von da an geht er eine lebenslange Verbindung mit seinem Spiegelbild ein. Was ist aber mit anderen Lebewesen? Gibt es das »Spieglein, Spieglein an der Wand« auch im Tierreich?

Die Wissenschaft ist sich uneinig darüber, inwieweit Tiere ein Ich-Bewusstsein haben. Aber ob sich ein Tier in einem Spiegel selbst erkennt, das kann man testen. Der sogenannte Spiegeltest ist Standard in der Bewusstseinsforschung und ermittelt die Wiedererkennungsleistung bezüglich des eigenen Spiegelbildes. Eine ganze Reihe von Tierarten ist in der Lage, diesen Test zu bestehen, darunter Elefanten, Krähenvögel, Delphine und auch Affen. Meist werden die Probanden mit einer Farbmarkierung versehen, die nur im Spiegel zu sehen ist. Machen sie Anstalten, den Fleck zu entfernen, oder zeigen sie auf ihn, lässt das den Schluss zu, dass sie sich selbst erkennen.

Menschenaffen bestehen regelmäßig den Spiegeltest. Als Indiz für die Selbsterkennung gilt unter anderem das enge Herantreten an den Spiegel samt atypischem Betrachten der Zähne: eine Art Grimassieren. Schimpansen werfen auch gern mal ihre Arme herum und »erkennen«, dass der »affige« Affe im Spiegel sie selbst sind. Selbstbeobachtungen im Spiegel sind häufig. Auch einige andere Affenarten, vorausgesetzt, sie sind in einem sozialen Verbund aufgewachsen, können den Spiegeltest bestehen oder lernen, sich selbst wahrzunehmen.

Allein durch den bestandenen Spiegeltest lässt sich jedoch nicht nachweisen, dass Affen zwischen sich selbst und ihrer Umwelt unterscheiden können und somit über ein Bewusstsein – oder besser gesagt: ein Selbstbewusstsein – verfügen.

97_Die Sprachlosigkeit

Von Resonanzräumen und Sprachorganen

Affen können bekanntlich nicht sprechen. Aber warum eigentlich nicht? Eine weitverbreitete Theorie lautet, dass ihr Körperbau, im Speziellen ihr Vokaltrakt, Schuld an der Sprachlosigkeit sei. Ihnen fehle der entsprechende Resonanzraum. Resonanz bezeichnet das Mitschwingen oder Mittönen eines Körpers mit einem anderen. Und wenn einer der Resonanzkörper zu klein ist, dann können zwar trotzdem Laute entstehen, aber es reicht nicht aus, um gesprochene Sprache zu artikulieren und mündlich produzierte Äußerungen zum Besten zu geben. Ohne gut ausgestatteten Vokaltrakt keine Sprache, so zumindest die Theorie.

Bei Menschenaffen wie Schimpansen, Gorillas und Orang-Utans liegt der Kehlkopf weit oben im Hals, was zur Folge hat, dass zwischen Gaumensegel und Kehlkopf sehr wenig Platz ist. Und das wirkt sich negativ auf die Fähigkeit aus, variable Laute oder gar Wörter zu produzieren. Was erschwerend hinzukommt: Die Kehlkopfmuskeln und Stimmbänder können sich nicht so frei und koordiniert wie beim Menschen bewegen. Ein Umstand, der auch uns zu schaffen macht, und zwar im Säuglingsalter. Anfangs liegt auch bei uns der Kehlkopf weit oben, was zwar ein gleichzeitiges Schlucken und Atmen ermöglicht, aber nicht das Sprechen. Eine klare Artikulation ist erst nach und nach möglich, wenn sich die Sprachorgane entsprechend entwickelt haben.

Allerdings gibt es berechtigte Zweifel an der »Resonanzraum-Theorie«. Affen seien demnach anatomisch sehr wohl in der Lage zu sprechen. Fünf Vokallaute sowie auch mehrere Konsonanten (p, b, k, g, h, m und w) wären möglich – und zwar ganz unabhängig vom Resonanzraum. Der einzige wahre Grund dafür, dass Affen nicht sprechen wie wir Menschen, sei der Umstand, dass ihnen die kognitiven Fähigkeiten dazu fehlten. Die »Sprachlosigkeit« unserer Verwandten nur der Anatomie in die Schuhe zu schieben ist womöglich zu kurz gegriffen.

Gattung Schimpansen | Art Gemeiner Schimpanse | Verbreitung Zentralafrika | Nachlese Tieren eine Stimme geben: www.tierschutzbuero.de.

98 Die »Theory of Mind«

Mäuschen im Kopf des anderen spielen

In einen denkenden, fühlenden und interagierenden Kopf hineinzuschauen ist nicht ganz einfach. Mit Elektronen, Ionen und bildgebenden Methoden kann man ein bisschen herumstochern, aber so richtig reinschauen, das ist unmöglich. Hineinversetzen geht aber durchaus. Das nennt man für gewöhnlich die »Theorie des Geistes«. Sie beschreibt die Fähigkeit, die Gedanken und Überzeugungen anderer logisch zu erschließen. Eine Spezialität des *Homo sapiens* und eine Domäne, die dem Menschen vorbehalten ist. Haben aber vielleicht auch die anderen Affen diese Fähigkeit?

Das Konzept hinter der »Theory of Mind« hat folgende anthropologische Grundprämisse: Der Mensch ist ein soziales Wesen, das sich im alltäglichen Leben die Emotionen anderer sowie deren Intentionen und Handlungen eigens erfahrbar und erklärbar macht. Menschen machen sich also eine Vorstellung davon, was Menschen denken. Aber der Mensch ist da nicht der Einzige, auch Affen können sich Gedanken vorstellen. Zauberhafte Gedankenleser sind sie zwar nicht, aber Menschenaffen können die Handlungen von anderen vorhersagen, selbst wenn sie falsche Annahmen über die Wirklichkeit treffen.

Schimpansen und Co. haben eine »Theory of Mind« und bewegen sich in etwa auf dem Niveau von Vorschulkindern. Für einen nicht menschlichen Affen, dem man lange Zeit geistige Fähigkeiten absprach, ist das eine beträchtliche kognitive Leistung.

Menschenaffen sind in der Lage, anhand von Informationen bestimmte Schlüsse zu ziehen. Dabei verlassen sie sich auch auf ihre Erfahrung. Sie spielen Mäuschen im Kopf des anderen und reagieren und handeln entsprechend. Und was geht ihnen so durch den Kopf? Müsste man einen Affen fragen, könnte er sich denn hinreichend artikulieren. Aber was das Denkmuster angeht, gibt es Ähnlichkeiten. Makaken haben beispielsweise die gleiche Affinität für die Rekursion wie Menschen.

Gattung Gorillas | **Art** Westlicher Flachlandgorilla | **Verbreitung** Südkamerun, Westen der Zentralafrikanischen Republik, Äquatorialguinea, Gabun, Republik Kongo | **Nachlese** Ein prämierter Primatenfotograf: www.mogenstrolle.com.

99 Thot

Ibiskopf versus Affenkopf und ein erigierter Penis

Kein anderer Pavian lebt nördlicher als der Mantelpavian, letztlich ist er, abgesehen vom Menschen, sogar die einzige Primatengattung im Nordosten Afrikas. Er kommt an der gesamten Westküste des Roten Meeres vor, von Somalia bis nach Ägypten, wo er allerdings mittlerweile als ausgestorben gilt. Außerdem ist er auch die einzige Pavianart, die außerhalb des afrikanischen Kontinents zu finden ist, und zwar auf der Arabischen Halbinsel. Dort wurde er vermutlich von Menschen eingeschleppt, oder aber es gab im späten Pleistozän eine Landbrücke nahe der Meeresstraße Bab al-Mandab, die ihm, wie auch dem Menschen, die Überquerung des Roten Meeres ermöglichte.

Paviane sind hochgradig soziale Tiere, und der Mantelpavian gilt als der am weitesten entwickelte. Die Tiere organisieren sich in einem mehrschichtigen Sozialsystem. Es gibt die sogenannte Ein-Mann-Gruppe, in der ein Alphamännchen mit bis zu 15 Tieren zusammenlebt. Teil der Gruppe sind Weibchen, Jungtiere und junge Männchen. Zwei bis drei dieser Ein-Mann-Gruppen schließen sich zusammen und bilden Clans, die zusammen auf Futtersuche gehen und sozial miteinander agieren. Diese tun sich wiederum zu sogenannten Banden zusammen, die sich ein Streifgebiet teilen und umherziehen. Wenn die Nacht anbricht, kommt es nicht selten vor, dass sich mehrere Banden in einer Herde vereinen und eine Schlafgemeinschaft bilden.

Im Alten Ägypten galten Mantelpaviane als heilige Tiere. Thot, der Gott des Mondes, der Magie, der Wissenschaft, der Schreiber, der Weisheit und des Kalenders, wurde vorwiegend als Mensch mit Ibiskopf oder als Mantelpavian dargestellt. Auch der Gott Babi wurde als Mantelpavian abgebildet, und zwar mit erigiertem Penis, denn er war verantwortlich für die Potenz im Jenseits. Mantelpaviane genossen entsprechend Schutz, wurden weder gejagt noch gegessen und mitunter nach ihrem Tod mumifiziert.

100 Die treulosen Tomaten

Gelegenheit macht Liebe

Wie halten es Affen eigentlich mit der Monogamie? Kurze Antwort: gar nicht. Ausführliche Antwort: Die steht auf der nächsten Seite. Reflektierte Antwort: Monogamie ist das eine, Treue oder Treulosigkeit das andere. Oder anders ausgedrückt: Lebenslange Liebe ist schön und gut, aber wie steht es mit dem Treuetribut? Im Affenreich gilt grundsätzlich: Gelegenheit macht Liebe, ganz unabhängig von Monogamie. Die Gene wollen weitergegeben werden, da wird jede Möglichkeit der Kopulation wahrgenommen, die sich einem bietet. Klingt unromantisch? Mag sein, das spielt für die Evolution aber keine Rolle.

Mit einem Partner alt zu werden sehen wir Menschen als Beweis purer Liebe und äußerst erstrebenswert an. Im Reich unserer nächsten Verwandten hingegen ist ewige Treue eine absolute Rarität, die lediglich mit einem müden Lächeln quittiert wird. »Affären« sorgen für eine größere genetische Vielfalt. Es mit der sexuellen Treue ernst zu meinen kann schnell verschenkte Liebesmühe sein, wenn dadurch der Genpool abflacht.

Weißhandgibbons galten lange Zeit als Vorzeigeäffchen in Sachen Monogamie. Pustekuchen! Sie sind ebenfalls treulos, wie nahezu alle anderen Affen auch, wenn auch in viel geringerer Weise. Und wer geht bei ihnen fremd? Die Weibchen.

Die Männchen sind monogam, zumindest ihrem Harem gegenüber. Dass die Weibchen fremdgehen, hat einen plausiblen Grund: Anführer neigen hin und wieder zum Kindsmord, was jedoch niemals den eigenen Nachwuchs betrifft. Seitensprünge dienen also in erster Linie dem Schutz der Nachkommen, denn ist sich ein Männchen nicht sicher, ob es sich bei einem Jungtier um seinen eigenen Nachwuchs handelt, tötet er es im Zweifel nicht. Das Fremdgehen irritiert das Männchen in seinem Wissen über die Vaterschaft und ist somit eine Art Schutzmaßnahme. Fremdgehen als gerissene Vorsorge sozusagen.

101 Die treuvollen Tomaten

Monogamisten statt Monogrammisten

In der Tierwelt ist eine lebenslange exklusive Fortpflanzungsgemeinschaft zwischen zwei Individuen einer Art äußerst selten. Die Monogamie ist nicht das bevorzugte Verhaltensmuster bezüglich der Fortpflanzung. Das gilt auch für die Affen. Außerdem ist das Paarungsverhalten wie bei uns Menschen bei Schimpansen und vielen anderen weiteren Affenarten nicht ausschließlich mit der Fortpflanzung verbunden. Der Versuch, ein Leben lang mit einem Partner zu leben und sich ausschließlich mit ihm zu vermehren, ist außergewöhnlich. Dennoch gibt es ein paar wenige monogame Affenarten.

Sowohl Springaffen als auch Nachtaffen, beide Neuweltaffen, gelten als monogam. Die meisten Arten beider Gattungen leben in Familiengruppen: ein Männchen, ein Weibchen und der gemeinsame Nachwuchs. Die Elternteile bleiben für gewöhnlich nicht nur ein Leben lang zusammen, sondern sind sich in der Regel auch treu. Fremdgegangen wird sehr selten. Genetische Monogamie bei Affen ist bisher kaum bekannt. Lediglich die Azara-Nachtaffen gelten als absolut monogam.

Unter Altweltaffen ist die Monogamie sehr wenig verbreitet, es gibt aber einen prominenten Fall: die Gibbons. Sie suchen sich einen Partner fürs Leben aus, was mehrere Jahre in Anspruch nehmen kann und vom Männchen ausgeht. Sie gründen eine Familie und leben in einem Revier, das sie gegen Eindringlinge verteidigen. Die Lebenspartner halten zusammen, in guten wie in schlechten Zeiten. Die lebenslange Bindung optimiert Ressourcen und spart Energie beim Schutz des Territoriums. Und wie es sich für anständige Familienväter gehört, beteiligen sich die Männchen an der Aufzucht der Jungtiere.

Weitere Vorteile einer Einehe: Schutz vor Kindstötung, optimale Versorgung des Nachwuchses und Bewachung der Partnerin. Monogamie als Überlebensstrategie ist im Affenreich also anzutreffen, »treue Tomaten« lieben aber in der Nische.

102 Der Überflieger

Baumlückenüberwinder statt Zahnlückensammler

Fliegen kann der Weißhandgibbon, der auch Lar genannt wird, nicht wirklich. Er besitzt weder Flügel noch andere Flugkörperteile, nicht einmal einen Schwanz. Dennoch fliegt er durch die Lüfte wie ein Akrobat im Zirkus. Und das bis zu zehn Meter weit.

Regenwald-Gibbons sind generell wahre Weitsprungmeister. Sie können mit einer unnachahmlichen Leichtigkeit große Baumlücken springend überwinden und gleiten durch die Lüfte wie Tarzan, nur mit längeren Armen. Und die haben es in sich. Geschlagene 17 Prozent von seinem Körpergewicht machen die Arme des Gibbons aus. Im Vergleich: Beim Menschen sind es elf Prozent.

Hinzu kommt, dass die kräftigen Arme wesentlich länger als die Beine sind, bis zu anderthalbmal länger. Das ergibt eine »Flügelspannweite« von bis zu anderthalb Metern. Auf einen 1,70 Meter großen Menschen umgerechnet wäre das eine Armspannweite von über drei Metern. Zum Vergleich: Muhammad Ali hatte bei etwa 1,90 Metern Körpergröße eine Armspannweite von knapp zwei Metern. Es sind diese langen Arme, die dem Gibbon das typische Schwinghangeln ermöglichen, eine Fortbewegungsform verschiedener Affenarten, die im gesamten Tierreich einzigartig ist und auch Brachiation genannt wird (siehe Kapitel 87). Und es sind auch die Arme, die den Gibbon dazu befähigen, durch die Bäume zu »fliegen«.

Sie benutzen ihre Arme wie griechische Fünfkampf-Athleten ihre Halteres, die paarweise verwendeten Gewichte zur Verstärkung des Schwungs beim Weitsprung. Kombiniert mit einer starken Rückenmuskulatur und einer Dehnung des Rumpfs schütteln sich die Gibbons den nötigen Schub zum »Fliegen« wortwörtlich aus der Hüfte. Dabei erreichen sie bei der Absprunggeschwindigkeit einen Arbeitsaufwand von bis zu 35 Kilojoule. Der Mensch liegt im Vergleich bei etwa sechs. Beim Gibbon ist es also mehr als fünfmal so viel. Wer hier der »Überflieger« ist, ist unbestritten.

103 Die Urwald-Apotheke

Die Kraft der Heilpflanzen

Schimpansen essen zum Frühstück gern mal ein großes, behaartes Blatt eines Wolfsmilchgewächses. Aber anstatt es zu kauen, falten sie es und schlucken es im Ganzen herunter. Eine skurrile, aber durchaus sinnvolle Essgewohnheit: Auf diese Art reizt das Blatt den Magen und verursacht Durchfall. Klingt erst mal unappetitlich, spült aber Bandwürmer und andere Parasiten aus dem Darm.

Beispiele solcher Art gibt es im Affenreich viele. Affen wissen genau, welche Pflanze welche Wirkung hat und wie man sie »zubereiten« muss. Die Urwald-Apotheke ist riesig und bietet für jedes Wehwehchen das entsprechende Mittel. Affen sind wahre Experten der Pflanzenheilkunde und therapieren Krankheiten mit »medizinischen« Pflanzen, betreiben aber auch viel Prophylaxe. Das Heilpflanzenwissen ist existenziell, denn der Urwald ist nicht nur Pflanzenparadies, sondern auch Giftschrank und Tummelplatz für Bakterien, Parasiten und Co.

Viele Affenarten, ob Alles- oder Pflanzenfresser, genehmigen sich hin und wieder auch mal einen Happen Erde. Diese saugt im Darm Giftstoffe auf und erlaubt dadurch zusätzlich den gelegentlichen Verzehr von tendenziell giftigen Pflanzen. Heilerde, insbesondere Tonerde, kommt zum Beispiel auch dann zum Einsatz, wenn ein Affe überreife Früchte oder alte Blätter zu sich genommen hat, die im Magen zu gären beginnen. Tonerde besitzt die Eigenschaft, Säure zu absorbieren, und minimiert das von Gärprozessen ausgelöste Magengrummeln.

Aber nicht nur bei Krankheiten oder zur Vorbeugung werden Heilpflanzen gegessen, sondern zum Beispiel auch während der Schwangerschaft. Affenweibchen beeinflussen durch den Verzehr ausgewählter Kräuterkost deren Verlauf. Pflanzen, die den bitteren Gerbstoff Tannin enthalten, wirken sich positiv auf die Schwangerschaft aus, und so greifen trächtige Weibchen vermehrt auf entsprechende Pflanzenkost zurück, die sie sonst wenig oder gar nicht essen.

Gattung Schimpansen | Art Gemeiner Schimpanse | Verbreitung Zentralafrika | Nachlese Die Non-Profit-Organisation »Rainforest Trust« hat durch die Förderung von Aufforstungsprojekten seit etwa 1990 mehr als neun Hektar des Amazonas-Regenwaldes gerettet und somit auch Lebensraum für Affen geschaffen: www.rainforesttrust.org.

104 Das Versuchskaninchen

Schwimmen und tauchen

Der Javaneraffe ist mehrfacher Träger der Auszeichnung »Versuchstier des Jahres«. Der Bundesverband der Tierversuchsgegner vergibt sie seit 2003 und möchte damit auf das Leid der Tiere im Labor aufmerksam machen, Druck in Bezug auf die Entwicklung tierversuchsfreier Verfahren ausüben und einen Paradigmenwechsel einleiten. Javaneraffen sind aktuell die am häufigsten für Tierversuche verwendete Affenart. Zum Einsatz kommen sie überwiegend bei der Sicherheits- und Wirksamkeitsprüfung von neu entwickelten Medikamenten.

Javaneraffen, die liebevoll Java-Äffchen und aufgrund ihrer Affinität zu Schalentieren auch »Krabbenesser« genannt werden, besitzen aber eine außergewöhnliche Eigenschaft, die nichts mit ihrem Versuchskaninchen-Image zu tun hat: Sie können schwimmen. Das Wasser ist ihr Element, und sie tauchen sogar. Beides wird nicht erlernt, sondern ist angeboren.

Ihre Heimat sind die südostasiatischen Inseln, ihr Lebensraum die Wald- und Buschlandschaft, teils auch die Küstenregionen. Letztere bieten ein reichhaltiges Angebot an exquisiten Fischen, Muscheln, Schnecken, Krabben und ähnlichem aquatischen Getier. Wer sich also die Meereskköstlichkeiten nicht durch die Lappen gehen lassen möchte, der muss ins Wasser. Deshalb hat die Evolution bei den »Krabbenessern« nachgeholfen und sie zu exzellenten Schwimmern gemacht. Was aber nicht automatisch heißt, dass sie Langstreckenspezialisten sind oder weit hinausschwimmen – sie bleiben stets in Küstennähe. Die Tiere können mehrere Meter tief tauchen, lange die Luft anhalten und dabei alles im Blick behalten, denn sie tauchen stets mit offenen Augen.

Wer aber glaubt, dass sich Javaneraffen nur zur Futterbeschaffung ins Wasser begeben, irrt. Sie geben auch ohne Futterdrang ihre Schwimm- und Tauchkünste zum Besten. Und so heißt es bei einer »Affenhitze« nicht selten: den Sprung ins kühle Nass wagen und ein ausgiebiges »Affenbad« nehmen.

Gattung Makaken | Art Javaneraffe | Verbreitung Südostasien | Nachlese Einen differenzierten Einblick in den Alltag von Versuchsaffen bietet die im Internet abrufbare WDR-Dokumentation »Laboraffe Nr. 30.003«. Der Bundesverband der Tierversuchsgegner e. V. informiert unter www.tierrechte.de.

105 Die Werkzeug-Kulturen

Für jedes laufende Häppchen das passende Werkzeug

Schimpansen sind versierte Werkzeugmacher, handwerklich äußerst geschickt und fast so erfinderisch wie Daniel Düsentrieb oder Elon Musk. Sie haben ein ganzes Arsenal an Gerätschaften entwickelt und können sich je nach Gegebenheit aus einem großen Werkzeugkasten bedienen. Die Hilfsmittel kommen in Alltagssituationen zum Einsatz, hauptsächlich im Zusammenhang mit der Nahrungsbeschaffung (siehe Kapitel 31), aber auch als Wurfgeschoss oder um Rivalen zu imponieren und zu verjagen.

Die Krux dabei: Schimpansen benutzen nicht nur eine große Anzahl an Werkzeugen für verschiedenste Situationen, sondern stellen diese zum Teil auch selbst her, manchmal auch aus unterschiedlichen natürlichen Materialien. Eine Fähigkeit, die wir Menschen lange Zeit nur uns selbst zuschrieben. Von wegen! Wir sind nicht die Einzigen, die mit Hilfe von nicht zum Körper gehörenden Objekten die Körperfunktionen erweitern, um ein bestimmtes und unmittelbares Ziel zu erreichen. Auch Affen bauen Werkzeuge, wir waren demnach nicht die ersten Lebewesen auf der Erde, die einen Faustkeil in die Hand genommen haben.

Und wer jetzt denkt, dass alle Schimpansen die gleichen Werkzeuge produzieren und benutzen, irrt. Je nach Region haben sich unterschiedliche Werkzeug-Kulturen entwickelt. Die Art und Weise des Werkzeuggebrauchs ist nicht überall gleich. Die zum Einsatz kommenden Techniken unterscheiden sich sowohl in ihrer Komplexität als auch in ihrer Effektivität. Schimpanse ist nicht gleich Schimpanse (siehe Kapitel 3), und so ist auch nicht Werkzeug gleich Werkzeug.

Eine weitere Facette: Im üppig gefüllten Schimpansen-Werkzeugkoffer befinden sich auch ein paar wenige Multifunktionswerkzeuge. Diese kommen zwar nicht ganz an ein Schweizer Taschenmesser heran, wissen aber dennoch zu gefallen. Beispiel: ein manipulierter Stock mit einem glatten und einem ausgefransten Ende.

106 Die Wilderei

Kannibalismus unter Menschenaffen

Die Internationale Union zur Bewahrung der Natur (IUCN) listet den Bonobo seit Jahren als stark gefährdete Tierart. Er ist in freier Wildbahn kurz vor dem Aussterben. Ein entscheidender Faktor, der für die menschengemachte Dezimierung der Bonobos in den letzten Jahrzehnten verantwortlich ist, ist die intensive Bejagung, also die Wilderei. Dabei ist Bonobofleisch in vielen Gemeinden rund um das Bonobo-Territorium traditionell ein Tabu. Vor Ort wird der Bonobo »Koko« genannt, was so viel wie »Vorfahre« bedeutet. Aufgrund der Ähnlichkeit von Mensch und Bonobo verbietet die Tradition den Kongolesen, Bonobofleisch zu essen. Es wird die Position vertreten, dass der Verzehr eines »Vorfahren« kannibalische Züge hätte und somit tabu sei.

Diese Tradition bekommt seit Jahrzehnten immer mehr Risse, doch die wahre »Bonobofleischeslust« und damit auch die dadurch entstehende brachiale Wilderei, die letztlich ein lukratives und gewinnbringendes illegales Geschäft ist, besteht schon seit den 80er Jahren in den Metropolen Brazzaville und Kinshasa oder in Städten wie Sibiti, Pointe-Noire und Dolisie. Dort gelten Bonobos bei der wachsenden Mittelklasse als teure Delikatesse.

Doch nicht nur im Kongo wird Bonobofleisch gegessen, sondern auch in Europa, Asien und den USA. Brüssel, London, Tokio, New York, Los Angeles – die Liste der Großstädte, in denen man sich hinter verschlossenen Türen unter dem Tresen Bonobofleisch in den Einkaufskorb legen lassen kann, ist lang. Die internationale Nachfrage ist in den Gebieten, in denen sie leben, ein Preistreiber und ein Profitmaximierer.

Für Wilderer ein äußerst lohnendes Geschäft. Selbst im einzigen Schutzgebiet für Bonobos, dem Salonga-Nationalpark, sind die Tiere kaum vor der »Wildtiermafia« sicher, die in organisierten Netzwerken mit automatischen Waffen und hochmodernen Kommunikationsmitteln arbeitet.

Gattung Schimpansen | Art Bonobo | Verbreitung mittlere und südliche Landesteile der Demokratischen Republik Kongo | Nachlese Programm Wildtierkriminalität des Internationalen Tierschutzfonds: www.ifaw.org. Der Salonga-Nationalpark beherbergt etwa 40 Prozent der gesamten Bonobopopulation: www.salonga.org.

107 Der Wollige

Von grimmigen Fratzen und langen Klitorides

Wollaffen gehören zu den Klammerschwanzaffen und sind tagaktive Baumbewohner, die in der Regel den oberen Kronenbereich bevorzugen. Sie sind aber nicht ganz so behände auf den Bäumen unterwegs wie ihre Schwesterarten.

Der Baumkletterkunst der Spinnenaffen haben sie nichts entgegenzusetzen (siehe Kapitel 95). Selbst die Brüllaffen, die als »Schreihälse« im Dschungel für Furore sorgen und ähnlich wie die Wollaffen teils schwerfällig aussehen, bewegen sich geschickter durch das Geäst (siehe Kapitel 83).

Der Wollaffe ist dennoch ein guter Baumläufer, wenn auch ein bedächtiger. Er besitzt mit seinem Schwanz eine fünfte Extremität (siehe Kapitel 21), die länger als sein Körper ist und die ihm bei der Ausübung der Brachiation zu Hilfe kommt (siehe Kapitel 87). Hält er sich auf dem Boden auf, wird aus dem Quadruped ein Biped. Auf den Bäumen bewegt er sich auf allen vieren fort, am Boden zweibeinig. Lange Strecken geht er nicht, auch den Hopserlauf hat er nicht drauf, aber für einen vermeintlich schwerfälligen Fortbeweger ist diese Vielseitigkeit beachtlich. Seinen langen Schwanz streckt er dabei nach hinten, sodass er als Balancestiel fungiert.

Ein besonderes Merkmal der Wollaffen, das ihnen auch zu ihrem Namen verholfen hat, ist ihr dichtes Wollfell. Es dient in erster Linie als Regenschutz und kann eine Färbung von Schwarz über Grau bis Braun haben. Ein weiteres äußerliches Merkmal: ihr grimmiger Blick. Der ist aber nur Fassade, denn Wollaffen gelten als friedliebend und besitzen eher ein ruhiges Gemüt.

Ein weiteres spezielles Merkmal: Weibchen haben eine verlängerte, penisähnliche Klitoris. Im Fall des Silbernen Wollaffen ist sie mindestens so lang wie der Penis des Männchens, in vielen Fällen sogar länger. Was aber nicht sehr ins Gewicht fällt, denn Wollaffen haben von Haus aus einen kleinen Penis, dafür aber große, dicke Hoden (siehe Kapitel 36).

108 Die Zahngeschichten

Kommt die Zahnfee auch zu den anderen Affen?

Schöne Zähne sind heutzutage ein Statussymbol unserer Gesellschaft. Eine perfekt sitzende perlweiße Kauleiste ist zu einem Must-have geworden. Die anderen Menschenaffen würden sich diesem Trend sicherlich auch gern anschließen. Nur haben sie keinen Zahnarzt um die Ecke, der ihnen dabei hilft. Was aber alle Menschenaffen gemein haben: 32 Zähne im Mund/Maul. Ebenso weisen die Kauflächen der Backenzahnkronen das gleiche Muster auf und sind polybunodont (mehrhöckrig). Sowohl die Prämolaren als auch die Molaren haben dieselbe Anzahl an Höckern, Furchen und Grübchen.

Unterschiede gibt es aber auch: Die Zahnreihe des Menschen ist bogenförmig angeordnet, die der restlichen Menschenaffen u-förmig mit parallelen Backenzahnreihen, also nahezu rechteckig. Des Weiteren ist bei uns kein Diastema zwischen Schneide- und Eckzahn vorhanden, bei den anderen trennen sogenannte »Affenlücken« Schneide- und Eckzähne im Oberkiefer und Eck- und Backenzähne im Unterkiefer.

Was die Eckzähne angeht, können wir trotz großer Wurzel mit keinem anderen Menschenaffen mithalten. Sie sind bei ihm wesentlich größer als die anderen Zähne, bei uns haben sie sich zurückgebildet. Das Verhältnis der Schneide- und Backenzähne pro Kieferhälfte lautet beim Menschen 2:2, beim Menschenaffen 3:4. Generell hat der Mensch ein verkürztes Gebiss und ein vergleichsweise ausgeprägtes Kinn.

Zudem gibt es Unterschiede beim Kiefer. Alle anderen Menschenaffen haben einen kräftigen und großen Kiefer, wir Menschen dagegen einen eher kurzen und schmalen. Der Grund dafür: Beim Menschen überwiegt das Gehirnwachstum, beim Affen das Wachstum der Kieferregion.

Bleibt zum Schluss nur noch die Frage zu klären, ob auch bei Affen die Zahnfee kommt. Kurz und (zahn)schmerzlos: Ja. Wie wir Menschen bilden auch die anderen Menschenaffen zunächst 20 Milchzähne aus, die später ersetzt werden.

109 Die Zottelkönige

Von fliegenden Affen

Sakis sind in jeglicher Hinsicht besondere Affen. Allein ihr Aussehen ist derart skurril, dass sie mitunter nicht einmal als Affen erkannt werden. Manche Arten erinnern mehr an eine Kreuzung aus Komondor, Manul und Quessantschaf. Ihr Markenzeichen: eine zottelige Fellpracht, die teils auch den Kopf und das Gesicht mit einschließt. Es gibt an die 15 Arten, allesamt relativ klein und mit langem, buschigem Schwanz, aber jede interpretiert die »Zotteligkeit« auf ihre eigene Weise. Der Blonde Mönchsaffe zum Beispiel hat lange, wirre gelbbraune bis hellblonde Zotteln, die sein haarloses Gesicht beinahe »verschlucken«. Der Goldgesichtsmaki trägt dagegen eine aufgeräumte, haarige orange bis rötlich braune Gesichtsmaske. Und der Mittermeier-Nacktgesichtsaki erinnert mit seinem dichten grauen Zottelfell mit weißen Einsprengseln an einen abgewetzten Teppich nach einem Kindergeburtstag.

Was wiederum alle eint: die Flugkunst. Sprünge bis zu zehn Metern sind für die tagaktiven Baumbewohner keine Seltenheit. Das traut man den Sakis gar nicht zu, denn sie sehen aufgrund ihres üppigen Haarkleides recht ungelenk und unsportlich aus. Und für die Aerodynamik dürfte so ein fülliges Fell auch nicht optimal sein. Außerdem sind sie scheue, vorsichtige Tiere und haben ein ruhiges Gemüt. Sie »chillen« lieber auf den Bäumen oder bewegen sich auf allen vieren durch ihr Territorium, statt ständig von Baum zu Baum zu springen.

Aber wenn sie größere Distanzen zurücklegen, dann fliegen sie förmlich durch den Dschungel. Entsprechend werden sie von den Einheimischen »fliegende Affen« genannt.

Außergewöhnlich ist auch ihre Schlafposition: Sie sind eine der wenigen Affenarten, die sich zum Schlafen katzenartig im Geäst zusammenrollen. Eine weitere Besonderheit: Sie geben, wie die meisten anderen Affenarten auch, zur Verständigung Laute von sich, aber nur bei ihnen hört sich das so an, als würden Grillen zirpen.

110 Der Zuckervermeider

Zucker ist Gift

Der auf der Inselgruppe Sansibar endemische Stummelaffe ist ein Zuckervermeider. Sein Leid: Er kann keinen Zucker verdauen. (Frucht-)Zucker ist Gift für ihn. Auf seinem Speiseplan stehen dennoch Früchte, jedoch nur unreife. Hauptsächlich frisst er Blätter, Pflanzentriebe, Blüten, Blumen, Samen und gelegentlich auch Kohle. Mit Letzterem ist tatsächlich das schwarze Sedimentgestein oder klassische Holzkohle gemeint, die er sich von Feuerstellen holt. Der Grund für diese ungewöhnliche Essgewohnheit: Kohle bindet Bakterien und Giftstoffe, sie wirkt entgiftend. Die Affen tun also nichts anderes als wir Menschen, wenn wir Aktivkohle zu uns nehmen: Sie entfernen Giftstoffe aus dem Magen-Darm-Trakt. Der Sansibar-Stummelaffe benutzt auf ganz natürliche Weise eines der ältesten bekannten Arzneimittel.

Abgesehen von seinem Zuckerboykott und seiner Kohleaffinität macht ihn auch sein äußeres Erscheinungsbild zu einem besonders auffälligen Affen. Sein gesamtes Fell ist von schwarzen, weißen und rotbraunen Farbnuancen durchzogen. Ein Farbdreiklang, der sich am Kopf wiederholt. Das pechschwarze Gesicht ist maskenhaft und wird von einer weißen Haarkrone umrahmt, die recht »punkig« daherkommt.

Der Sansibar-Stummelaffe ist aber nicht nur farblich ein unverkennbarer Kerl: Er ist relativ groß und schlank gebaut, seine Gliedmaßen sind dünn und lang, sein Kopf ist im Verhältnis dazu eher klein. Ein süßes Babyface mit einem schlaksigen Erwachsenenkörper.

Wie alle Stummelaffen besitzt er keine Backentaschen, und auch mit dem Daumen sieht es schlecht aus. Er hat zwar einen, doch der bildete sich im Laufe der Zeit zu einem kleinen Höcker zurück. Statt »opponierbarer Daumen« heißt es bei ihm »verstümmelter Daumen«. Macht aber nichts: Er bewegt sich in den Bäumen mit Hilfe seines langen Schwanzes wie ein akrobatischer Athlet. Opponierbarer Daumen? Geschenkt!

111 Die Zweibeinigkeit

Gehen ist nicht gleich gehen

Nicht menschliche Affen laufen in der Regel nicht zweifüßig durch die Gegend. Das bipede Gehen, also das zweibeinige Aufrechtgehen, wird zwar von einigen Primaten grundsätzlich beherrscht, aber sie sind keine Bipede, zumindest keine habituellen, wie es der Mensch, der Strauß oder der Pinguin außerhalb des Wassers sind. Das bipede Gehen stellt eine Fortbewegungsart dar, die von nur wenigen Affenarten, zum Beispiel Schimpansen, gelegentlich eingesetzt wird. Es gibt jedoch eine Affenfamilie, die sich der Bipedie in einem größeren Maße verschrieben hat: die Gibbons.

In ihrem Verhaltensrepertoire macht das bipede Gehen etwa zehn Prozent aus. Man kann dadurch zu dem Schluss kommen, dass sie geübte Bipede seien müssten. Wer aber schon einmal einen »bipedierenden« Gibbon gesehen hat, der weiß: So geschmeidig wie beim Menschen sieht das noch lange nicht aus. Das hat natürlich seinen Grund, und der ist hauptsächlich anatomischer Natur.

Beim aufrechten Gehen sollte der Körper nicht mit jedem Schritt rotieren. Die Lösung: eine jeweils gegenläufige Verdrehung des Oberkörpers. Sowohl beim Menschen als auch bei den Gibbons hat die Evolution für entsprechende anatomische Anpassungen gesorgt. Bei Letzteren jedoch in der Hüfte statt wie beim Menschen im Brustbereich. Und das führt bei den Gibbons dazu, dass ihr Gang nicht flüssig wirkt.

Es gibt aber noch einen weiteren Faktor: Krümmungen der Wirbelsäule, die »Lordosen« genannt werden. Der Mensch hat zwei davon, jeweils eine im Bereich der Hals- und der Lendenwirbelsäule. Sie ermöglichen ein völlig aufrechtes Stehen und schieben den Körperschwerpunkt über die Füße. Dem Gibbon fehlt dieser geniale Kniff, er löst das Problem auf seine Weise: Er steht sowohl in der Hüfte als auch in den Kniegelenken gebeugt. Das hilft beim Abfedern der Gehkräfte. Der Mensch erreicht das hingegen durch das Abrollen des Fußes.

Gattung Gibbons | Art Weißhandgibbon | Verbreitung Südchina, Ost-Myanmar, Thailand, Malaiische Halbinsel, Nordsumatra | Nachlese Die Organisation »Pro Wildlife« setzt sich dafür ein, die Artenvielfalt zu bewahren und Wildtiere zu retten. Sie hat auch Affenschutz im Programm: www.prowildlife.de.

Elke Pistor
111 Katzen, die man kennen muss
ISBN 978-3-95451-830-2

Annett Klingner,
Pascal Klunder, Katja Erdmann
111 Dinge über Katzen,
die man wissen muss
ISBN 978-3-7408-1204-1

Maria Teresa Carbone
111 Hunde, die man kennen muss
ISBN 978-3-7408-0477-0

Monika Mansour
111 Pferde, die man kennen muss
ISBN 978-3-7408-0444-2

Theo Pagel, Brian Batstone
111 Dinge über Elefanten,
die man wissen muss
ISBN 978-3-7408-0349-0

Rudolf Jagusch, Susanne Jagusch
111 Dinge über Schweine,
die man wissen muss
ISBN 978-3-7408-0990-4

Walter M. Weiss, Ulrich Wernery
111 Dinge über Kamele,
die man wissen muss
ISBN 978-3-7408-1206-5

Holger Grumt Suárez,
Rolando Suárez
111 Insekten, die täglich
unsere Welt retten
ISBN 978-3-7408-0628-6

Carsten Neß, Theo Haart
111 Tiere und Pflanzen an der
Mosel, die man kennen muss
ISBN 978-3-7408-0563-0

Klaudia Blasl
111 tödliche Pflanzen,
die man kennen muss
ISBN 978-3-7408-0441-1

Theo Pagel, Christoph Schütt
111 Geschichten aus dem Kölner
Zoo, die man kennen muss
ISBN 978-3-7408-0853-2

Petra Wochnik, Andreas Klesse
111 Dinge über das Wattenmeer,
die man wissen muss
ISBN 978-3-7408-1081-8

Carl Lang
111 Orte auf Fuerteventura, die man gesehen haben muss
ISBN 978-3-7408-0132-8

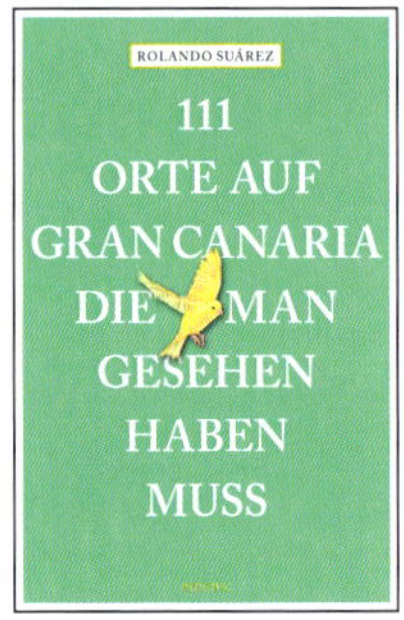

Rolando Suárez
111 Orte auf Gran Canaria, die man gesehen haben muss
ISBN 978-3-7408-0436-7

Rolando Suárez
111 Orte auf El Hierro, die man gesehen haben muss
ISBN 978-3-7408-0846-4

Rolando Suárez
111 Orte in Hallstatt, die man gesehen haben muss
ISBN 978-3-7408-0858-7

Holger Grumt Suárez,
Roland Grumt Suárez
111 Orte in und um Gießen, die man gesehen haben muss
ISBN 978-3-7408-0971-3

Holger Grumt Suárez,
Rolando Grumt Suárez
111 Orte in Barcelona, die man gesehen haben muss
ISBN 978-3-7408-0994-2

Saschko Bach, Martin Nusch
111 Mal mit WDR 2 raus in den Westen
ISBN 978-3-7408-1191-4

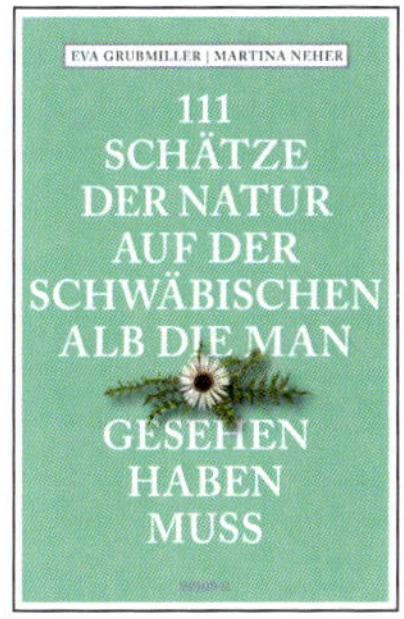

Eva Grubmiller, Martina Neher
111 Schätze der Natur auf der Schwäbischen Alb, die man gesehen haben muss
ISBN 978-3-7408-0248-6

Karin Blessing
111 Schätze der Natur im Schwarzwald, die man gesehen haben muss
ISBN 978-3-95451-701-5

Marion Rapp
111 Schätze der Natur rund um den Bodensee, die man gesehen haben muss
ISBN 978-3-95451-619-3

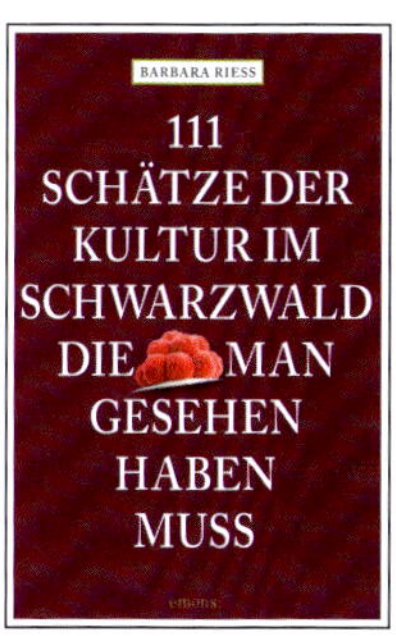

Barbara Riess
111 Schätze der Kultur im Schwarzwald, die man gesehen haben muss
ISBN 978-3-7408-0555-5

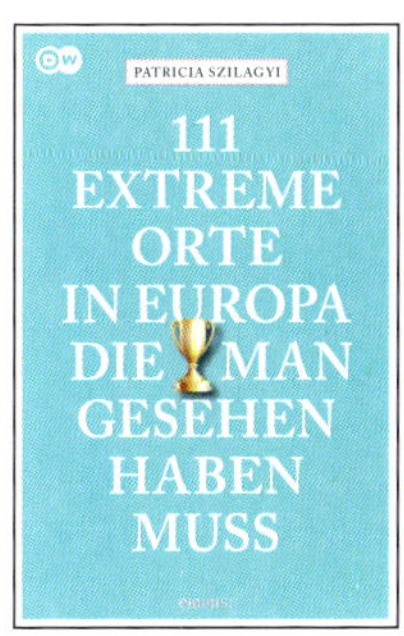

Patricia Szllagyi
111 extreme Orte in Europa, die man gesehen haben muss
ISBN 978-3-7408-0863-1

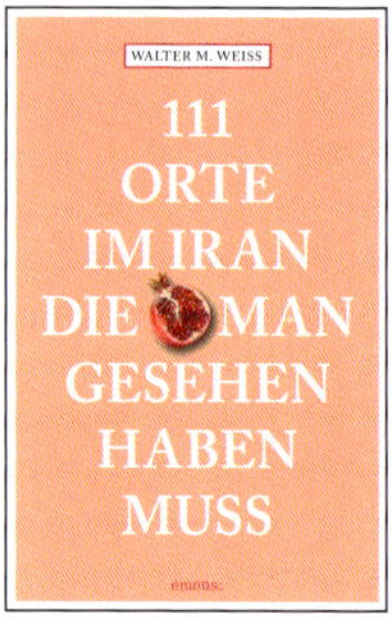

Walter M. Weiss
111 Orte im Iran, die man gesehen haben muss
ISBN 978-3-7408-0402-2

Franziska Lô
111 Orte in Costa Rica, die man gesehen haben muss
ISBN 978-3-7408-0245-5

Christoph Hein, Sabine Hein
111 Orte in Singapur, die man gesehen haben muss
ISBN 978-3-7408-0337-7

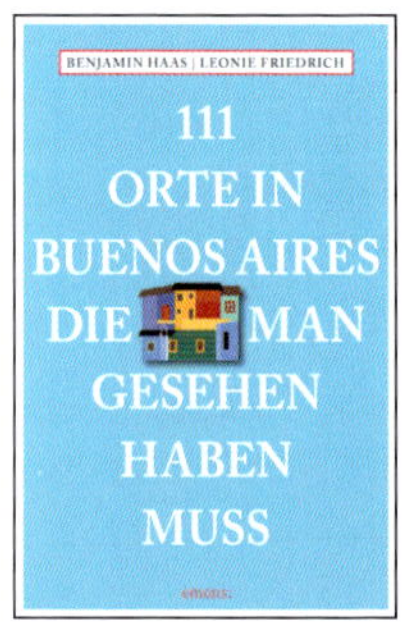

Benjamin Haas, Leonie Friedrich
111 Orte in Buenos Aires, die man gesehen haben muss
ISBN 978-3-95451-835-7

Beate C. Kirchner
111 Orte in Rio de Janeiro, die man gesehen haben muss
ISBN 978-3-95451-843-2

Laszlo Trankovits, Rüdiger Liedtke
111 Orte in Kapstadt, die man gesehen haben muss
ISBN 978-3-95451-456-4

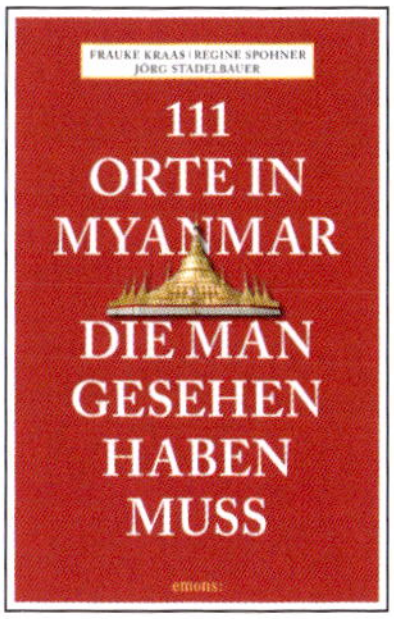

Frauke Kraas, Regine Spohner,
Jörg Stadelbauer
111 Orte in Myanmar, die man gesehen haben muss
ISBN 978-3-7408-0149-6

Sharon Fernandes
111 Orte in Neu-Delhi, die man gesehen haben muss
ISBN 978-3-95451-862-3

Kathrin Bielfeldt, Raymond Wong
111 Orte in Hongkong, die man gesehen haben muss
ISBN 978-3-95451-914-9

Stefanie Thiedig, Xie Kaijin
111 Orte in Peking, die man gesehen haben muss
ISBN 978-3-7408-0250-9

Annett Klingner
111 Orte in Dubai, die man gesehen haben muss
ISBN 978-3-7408-0647-7

Nicole Beste-Fopma,
Alexandra Steffens-Klein
111 Orte in Shanghai, die man gesehen haben muss
ISBN 978-3-7408-1299-7

Fotonachweis

Kapitel 1: shutterstock.com/Ricca Novia; Kapitel 2: flickr.com/Jeroen Kransen; Kapitel 3: shutterstock.com/Jeannette Katzir Photog; Kapitel 5: flickr.com/Laszlo Ilyes; Kapitel 6: wikimedia.org/Charles J. Sharp; Kapitel 7: flickr.com/Tambako The Jaguar; Kapitel 8: wikimedia.com/Joe McKenna; Kapitel 9: flickr.com/Tambako The Jaguar; Kapitel 10: shutterstock/Kjersti Joergensen; Kapitel 11: flickr.com/Roger Luijten; Kapitel 12: flickr.com/Tambako The Jaguar; Kapitel 13: wikimedia.org/Yathin S Krishnappa; Kapitel 14: wikimedia.org/Joey Verge; Kapitel 15: wikimedia.org/Tiago Falótico; Kapitel 16: flickr.com/Tambako The Jaguar; Kapitel 17: flickr.com/Tambako The Jaguar; Kapitel 19: flickr.com/Tambako The Jaguar; Kapitel 20: flickr.com/Tambako The Jaguar; Kapitel 21: flickr.com/Tambako The Jaguar; Kapitel 22: shutterstock.com/ Sergey Uryadnikov; Kapitel 23: flickr.com/Steven Straiton; Kapitel 24: flickr.com/Tambako The Jaguar; Kapitel 25: flickr.com/Tambako The Jaguar; Kapitel 26: flickr.com/Tambako The Jaguar; Kapitel 27: shutterstock.com/Tao Jiang; Kapitel 28: flickr.com/Alastair Campbell; Kapitel 29: shutterstock.com/grass-lifeisgood; Kapitel 30: flickr.com/Tambako The Jaguar; Kapitel 31: shutterstock.com/Hladik99; Kapitel 32: shutterstock.com/Sergey Uryadnikov; Kapitel 33: flickr.com/Tambako The Jaguar; Kapitel 34: shutterstock.com/Gatot Adri; Kapitel 35: flickr.com/Tambako The Jaguar; Kapitel 37: wikimedia.org/Mark Dumont; Kapitel 38: wikimedia.org/David Slater; Kapitel 39: flickr.com/Tambako The Jaguar; Kapitel 42: shutterstock.com/Steve Lovegrove; Kapitel 43: flickr.com/Tambako The Jaguar; Kapitel 44: flickr.com/Tambako The Jaguar; Kapitel 45: wikimedia.org/ Bjørn Christian Tørrissen; Kapitel 46: wikimedia.org/Ikiwaner; Kapitel 47-1: flickr.com/Charles Patrick Ewing; Kapitel 47-2: wikimedia.org/Fanny Schertzer; Kapitel 48: wikimedia.org/Tomfriedel; Kapitel 51: wikimedia.org/Rasfaya; Kapitel 53: wikimedia.org/Eric Kilby; Kapitel 54: shutterstock.com/Philip Bird LRPS CPAGB; Kapitel 55: wikimedia.org/Bernard Dupont; Kapitel 57: wikimedia.org/Katma0601; Kapitel 58: flickr.com/Tambako The Jaguar; Kapitel 59: depositphotos.com/Andrey Gudkov; Kapitel 60: flickr.com/Tambako The Jaguar;

Kapitel 61: flickr.com/Tambako The Jaguar; Kapitel 62: flickr.com/Marie van Dieren; Kapitel 63: shutterstock.com/Edwin Butter; Kapitel 64: wikimedia.org/Charles J. Sharp; Kapitel 65: flickr.com/Danielle Brigida; Kapitel 67: thegreatprojects.com/Michael Starbuck; Kapitel 68: flickr.com/Tambako The Jaguar; Kapitel 70: flickr.com/Tambako The Jaguar; Kapitel 71: flickr.com/Tambako The Jaguar; Kapitel 72: flickr.com/Tambako The Jaguar; Kapitel 73: flickr.com/Tim Strater; Kapitel 74: flickr.com/Mike Prince; Kapitel 75: flickr.com/Daniel Ramirez; Kapitel 76: shutterstock.com/Al.geba; Kapitel 77: wikimedia.org/Rod Waddington; Kapitel 78: shutterstock.com/Gudkov Andrey; Kapitel 79: shutterstock.com/Cynthia Kidwell; Kapitel 80: flickr.com/Kevin O‹Connel; Kapitel 81: wikimedia.org/Böhringer Friedrich; Kapitel 82: flickr.com/bartdubelaar; Kapitel 83: wikimedia.org/Hans Hillewaert; Kapitel 85: wikimedia.org/Mike Griffiths; Kapitel 88: wikimedia.org/Scorpion saxena; Kapitel 89: shutterstock.org/Patryk Kosmider; Kapitel 90: shutterstock.org/Sergey Uryadnikov; Kapitel 91: flickr.com/Tambako The Jaguar; Kapitel 92: flickr.com/Tambako The Jaguar; Kapitel 93: flickr.com/Heather Paul; Kapitel 94: flickr.com/Tambako The Jaguar; Kapitel 95: flickr.com/Pablo Fernicola; Kapitel 97: flickr.com/Tambako The Jaguar; Kapitel 98: wikimedia.org/Sander van der Wel; Kapitel 99: wikimedia.org/Sonja Pauen; Kapitel 101: flickr.com/Tambako The Jaguar; Kapitel 102: flickr.com/Kev Chapman; Kapitel 103: flickr.com/Tambako The Jaguar; Kapitel 104: flickr.com/Tambako The Jaguar; Kapitel 105: flickr.org/Eric Kilby; Kapitel 107: flickr.com/Tambako The Jaguar; Kapitel 108: flickr.com/Tambako The Jaguar; Kapitel 110: flickr.com/Jordy Sla; Kapitel 111: flickr.com/cuatrok77

Roland Grumt Suárez hat über seine Heimatinsel den Band »111 Orte auf Gran Canaria, die man gesehen haben muss« geschrieben. Gemeinsam mit seinem ebenfalls affenverrückten Bruder Holger präsentiert er das dritte gemeinsame Buch aus der 111er-Reihe.

Holger Grumt Suárez ist Doktorand und Wissenschaftlicher Mitarbeiter an der Professur für Angewandte Sprachwissenschaft und Computerlinguistik.